U0203217

高等学校计算机基础教育教材精选

计算思维与 Python编程基础（微课版）

黄晓平 方 翠 主 编

王亿首 吴呈瑜 副主编

清华大学出版社

北京

内 容 简 介

本书是高等学校非计算机专业的计算机基础课程的理论教材,根据教育部高等学校大学计算机课程教学指导委员会提出的"以计算思维为切入点的计算机基础教学改革"的思路编写而成,以培养学生计算思维能力为目标。

全书分上下两篇,共 11 章。上篇为计算思维,有 5 章,主要内容为计算思维的理论基础,包括计算思维与计算机、计算机的信息表示、计算机系统、计算机网络、计算思维与算法。下篇为 Python 编程基础,有 6 章,主要内容为 Python 编程基础,包括 Python 绘图、选择结构、循环结构、函数、算法实现、综合实例。全书提供了大量应用实例,每章后均附有习题。

本书可作为高等院校非计算机专业的大学计算机基础课教材,也可作为计算机入门学习的参考书。

本书封面贴有清华大学出版社防伪标签,无标签者不得销售。

版权所有,侵权必究。举报:010-62782989,beiqinquan@tup.tsinghua.edu.cn。

图书在版编目(CIP)数据

计算思维与 Python 编程基础:微课版/黄晓平,方翠主编. —北京:清华大学出版社,2021.9
(2024.2重印)
(高等学校计算机基础教育教材精选)
ISBN 978-7-302-58653-1

Ⅰ. ①计… Ⅱ. ①黄… ②方… Ⅲ. ①软件工具－程序设计－高等学校－教材 Ⅳ. ①TP311.561

中国版本图书馆 CIP 数据核字(2021)第 142450 号

责任编辑:张 玥
封面设计:常雪影
责任校对:李建庄
责任印制:杨 艳

出版发行:清华大学出版社
网　　址:https://www.tup.com.cn,https://www.wqxuetang.com
地　　址:北京清华大学学研大厦 A 座　　　邮　编:100084
社 总 机:010-83470000　　　邮　购:010-62786544
投稿与读者服务:010-62776969,c-service@tup.tsinghua.edu.cn
质量反馈:010-62772015,zhiliang@tup.tsinghua.edu.cn
课件下载:https://www.tup.com.cn,010-83470236
印 装 者:三河市天利华印刷装订有限公司
经　　销:全国新华书店
开　　本:185mm×260mm　　印　张:15　　字　数:348 千字
版　　次:2021 年 9 月第 1 版　　印　次:2024 年 2 月第 4 次印刷
定　　价:59.80 元

产品编号:094089-01

前言

　　近年来,以高速互联、天地一体、智能便捷、综合集成为特征的新一代信息基础设施正在加速形成并不断完善,以大数据、云计算、人工智能为代表的新一轮信息技术创新浪潮席卷全球,技术创新强力推进着人类社会由工业社会向信息化社会转型。在信息化社会,计算机无处不在,智能化、海量数据与人类生活密切相关。对人类而言,计算机绝不仅仅是运行应用软件的工具,而且蕴涵着一种科学的方法论。那么,提高自身的计算机技术水平,更好地利用计算机自动化地解决问题,更大程度地进行创业创新,就需要全面培养计算思维能力。计算思维能力就是像计算机科学家一样去思考问题,解决问题,已被明确倡导为是与读、写、算并列的第四种基本技能。计算思维的内涵并不仅仅停留在计算机科学的基础上,它是一系列运用计算机科学的基础概念进行求解问题、设计系统和理解人类行为的思维活动。计算思维被认定为每个学生都应掌握的能力,计算思维的培养成为贯穿各个学段的核心思想。教育部也要求大学计算机教学的总体建设目标定位在"普及计算机文化,培养专业应用能力,训练计算思维"上。

　　"计算思维"是非计算机专业学生进入大学的第一门计算机基础课程,将计算思维与计算机基础教育相结合,根据学生专业类别和知识能力水平精准定位计算思维的学习,已经得到了计算机基础教育工作者的认可。本书作者团队长年扎根计算机基础教学第一线,清楚分析了学生的实际需求,希望能探索出最适合、最有针对性的计算机基础教育新模式。

　　计算机科学教育是计算思维培养中不可或缺的一部分,不仅包括计算机系统理论知识,还包括计算思维活动的实践。计算思维实践的核心精神在于以问题求解为牵引,以程序设计为载体。如何选择称手的编程语言来进行设计程序呢？大数据时代的市场帮我们选择了 Python。Python 语言简洁易学、功能强大,跨越各种平台,很适合非计算机专业的学生快速入门。以本书为例,不同于其他 Python 语言书籍,本书直接利用 Python 语言第三方库(turtle 库)进行编程实践,让学生结合特定编程模式不断拓展思路,层层递进式地更改参数,得到越来越丰富的输出效果,也让学生改变了编程抽象、枯燥的固有观念,对思维实践产生了兴趣,也让其切身体会利用计算工具解决问题的过程。

　　全书一共分上下两篇。上篇主要介绍了计算思维和计算机相关的知识概念,其中包含了计算思维的概念、经典的计算机科学知识、最新的计算机科技的发展以及计算机求解问题的基本方法。下篇主要通过 Python 语言程序的实例分析和语法结构介绍,切实解决了计算思维"落地"问题,还涵盖了 Python 跨学科应用——第三方库的使用。全书主要特色如下。

（1）内容全面。全书力求涵盖计算机、计算思维、Python 语言等主要知识点，并且与时俱进地融入了现在主流的计算机科学技术的介绍，如人工智能、云计算、物联网等等，确保知识体系的完整性、实用性。

（2）理论与实践结合。上下两篇的侧重点虽各有不同，但是联系紧密。上篇理论部分通俗易懂，简洁朴素；下篇程序语言实践案例简单，极易上手，并在程序解决过程中全程融入"计算思维"理念。

（3）结构清晰。每一章最后都给出本章知识结构的思维导图，图文并茂地帮助读者理清章节脉络，掌握基础知识架构，少走弯路。

（4）每章都配有习题和微课视频，教材提供配套的课件、例题案例的源代码和习题答案。

本书由黄晓平、方翠、王亿首和吴呈瑜共同编写。其中，黄晓平编写了第 2、8、9 和 11 章并统稿，方翠编写了第 1、3 和 6 章，王亿首编写了第 4 章和第 7 章，吴呈瑜编写了第 5 章和第 10 章。本书在出版过程中，还得到了清华大学出版社的大力支持，在此表示诚挚的感谢。

由于作者水平有限，书中难免有不妥和疏漏之处，恳请各位专家、同仁和读者不吝赐教和批评指正，并与笔者讨论。

作　者

2021 年 5 月

目录

上篇 计算思维

下篇　Python 编程基础

上篇
计 算 思 维

第 1 章 计算思维与计算机

随着计算机技术的发展,计算思维将逐渐成为人类的基本思维方式。本章主要介绍计算思维及其应用、计算机以及人工智能时代下的计算机思维。

1.1 计算思维概述

我们所使用的工具影响着我们的思维方式和思维习惯,从而也将深刻地影响着我们的思维能力。

远古时代,人类和其他动物一样,依靠体力解决问题,蛮力思维主导着一切。文明初期,人类发明了刀、斧、弓箭等工具,并依靠这些工具来获取生存资源,简单实证思维帮助人类进一步认识世界,理解新的现象。工业文明时代,蒸汽机、电动机的出现引发了自动化的思维,帮助人类跑得更快,看得更远,逻辑思维支撑着所有学科,帮助人类想得更多。到了 20 世纪,计算机的出现催生了智能化的思维,将人类从单调、枯燥的重复性思维中解放出来,计算机强大的数据处理能力在抽象的逻辑和现实之间架起了桥梁,使人类生活进入更智能、更自主的世界中。计算思维这一概念也应运而生,它是适合于每个人的"一种普遍的认识和一类普适的技能",是一种与计算机及其特有的问题求解方式紧密相关的思维形式。人们用计算思维的方式来思考,从而更高效地解决生活和工作中的问题。

1.1.1 计算思维的定义

思维作为一种心理现象,是人类认识世界的一种高级反映形式。从人类认识世界和改造世界的角度出发,思维分为 3 类:理论思维、实验思维和计算思维。

理论思维又称推理思维,以推理和演绎为特征,强调推理,以数学学科为代表。

实验思维又称实证思维,以观察和总结自然规律为特征,强调归纳,以物理学科为代表。

计算思维又称构造思维,以设计和构造为特征,强调自动求解,以计算机学科为代表。它的研究目的是提供适当的方法,使人们能借助现代和将来的计算机,逐步实现人工智能的较高目标。

目前,国际上广泛使用的计算思维定义是由美国卡内基·梅隆大学的周以真(Jeannette M. Wing)教授于 2006 年在美国计算机权威期刊 *Communications of the*

ACM 杂志上提出的。具体内容是："计算思维是运用计算机科学的基础概念进行问题求解、系统设计以及人类行为理解等涵盖计算机科学之广度的一系列思维活动"。简而言之,计算思维就是要像计算机科学家一样思考。周以真教授进一步阐明,计算思维是"一个形成问题和制定问题解决方案的思考过程,这些解决方案所采用的形式是一种能够通过信息加工代理有效执行的表达形式"。

1.1.2　计算思维的过程

国际教育技术协会(International Society for Technology in Education,ISTE)和计算机科学教师协会(Computer Science Teachers Association,CSTA)2011 年给计算思维下了一个可操作性定义,即计算思维是一个问题解决的过程,该过程具有以下特点。

(1) 发现并分析问题:即拟定问题,符合逻辑地组织和分析数据,并能够借助计算机和其他工具解决问题。

(2) 系统模型设计:通过抽象(如模型、仿真等)再现数据。

(3) 提出解决方案:通过算法思想(一系列有序的步骤)支持自动化的解决方案。

(4) 分析验证解决方案:分析可能的方案,找到最有效的方案,并且有效地应用这些方案和资源。

(5) 系统维护:将该问题的求解过程进行推广,并移植到更广泛的问题中。

计算思维的本质就是抽象和自动化。抽象对应着建模,自动化对应着模拟和算法。抽象就是通过约简、嵌入、转化,忽略一个主题中与当前问题(或目标)无关的内容,以便更充分地注意核心部分。它超越了物理的时空观,完全用符号来表示。当动态演化系统抽象为离散符号系统后,就可以建立模型,设计算法,开发软件,利用计算机系统完成自动化计算,从而解决主要核心问题。

1.1.3　计算思维的特征

周以真教授从以下 6 个方面来界定计算思维。

1. 计算思维是概念化思维,不是程序化思维

计算机科学不等于计算机编程。计算思维指的像科学家那样去思考问题,意味着不仅要进行计算机编程,还要能够在抽象的多个层面上思维。

2. 计算思维是根本的技能,不是刻板的技能

计算思维是分析和解决问题的能力,而非简单的、机械的、重复的操作技能。它的重点是培养分析、解决问题的能力,而不仅仅是学习某一软件的使用。

3. 计算思维属于人的思维方式,不是计算机的思维方式

计算思维是人类解决问题的方法和途径,但决非试图使人类像计算机那样思考。计算机枯燥且沉闷,人类聪颖且富有想象力。计算机之所以能解决问题,是因为人将计算思维赋予了计算机。例如,汉诺塔问题所使用的递归算法是在计算机发明之前就已经提出的方法,人类将这些思想赋予计算机后,计算机才能计算并模拟再现。

4. 计算思维是思想,不是人造物

目前,计算机中的软件、硬件都是以物理形式呈现在我们周围,并潜移默化到生活中,但计算思维体现的是一种用以解决问题、管理日常生活、与他人交流和互动的与计算有关的思想。当计算思维真正融入人类活动的整体时,就成为一种人类特有的思想。

5. 计算思维是数学和工程互补融合的思维,不是数学性的思维

计算机科学在本质上源自数学思维,因为像所有其他的科学一样,其形式化基础是构建于数学之上的。计算机科学又从本质上源自工程思维(如合理建模),因为人们建造的是能够与实际世界互动的系统。基本计算设备的限制迫使计算机科学家必须计算性地思考,不能只是数学性地思考;构建虚拟世界的自由使计算机科学家能够设计超越物理世界的各种系统。数学和工程思维的互补与融合很好地体现在抽象、理论和设计三个学科形态上。

6. 计算思维面向所有的人、所有的领域

计算思维无处不在,当计算思维真正融入人类活动时,它作为一个解决问题的有效工具,处处都会被使用,人人都应掌握。因此,计算思维不仅仅是计算机专业的学生要具备的能力,也是所有受教育者应该具备的能力。它面向所有领域,可以用来对现实世界中的各种复杂系统进行设计与评估,甚至解决行业、社会、国民经济等宏观世界中的问题。

1.2　计算思维的应用

1.2.1　计算思维在生活中的应用

在生活中,很多看起来习以为常的做法其实都和计算思维不谋而合。也可以说,计算思维是生活知识的概括和总结,举例如下。

预置和缓存:如果明天要出门远行,你会如何安排呢?通常会按照行程计划,提前把所需物品打包进行李。

最短路径问题:如果你是快递员,你会怎样投递物品呢?邮递员通常不会盲目地挨家挨户投递或随意投递,一般会规划好自己的投递路线,按照最短路径进行优化。

分类:如果你要打包行李,你会怎么做呢?一般不会拿起什么就装,而是会先把行李分类,然后放到对应的区域去。

背包问题:有一辆卡车运送物品到外地,能带走的物品有 4 种,每种物品的重量不同,价值也不同。由于卡车能运送的物品重量有限,不能把所有的物品都拿走,那么如何才能让卡车运走的物品价值最高?这时可以把所有物品的组合列出来,如果卡车能装下某组合,并且该组合价值最高,就选择这种物品的运送方案。

查找:如果要在英汉词典中查找一个英文单词,读者不会从第一页开始一页一页地翻看,而是会根据字典里的有序排列快速地定位单词词条。

回溯:人们在路上遗失了东西后,会沿原路边往回走边寻找。当走到一个岔路口,人们会选择一条路走下去。一旦发现此路上没有所要找的东西,就会原路返回,到岔路口选择另外一条路继续寻找。

并发:比如有 3 门学科的作业,写作业时,可以交替完成,即写 A 作业累了时,就换 B 作业或 C 作业。从宏观上看,A、B、C 作业是并发完成的,即一天"同时"完成了 3 门学科的作业;从微观上看,在同一时间点上,A、B、C 作业又是各自独立、交替完成的。

上述例子都涉及计算思维的应用。计算机解决问题时,应用计算思维的方法去设计求解,会提高问题求解的质量与效率。

1.2.2 计算思维在其他学科上的应用

计算思维已经渗透到各学科、各领域,并正在潜移默化地影响和推动着各领域的发展,成为一种发展趋势。

1. 生物学

在生物学中,计算生物学已经进入生命科学领域,并且深度融入了从分子尺度到生态系统尺度的不同领域。生物也能被"计算"? 如果将生命体看成一架极其精密的机器,那么每个生命活动,诸如蛋白质表达、细胞间的信号传送,都可以通过计算机的模拟计算来重现。作为一门新兴学科,计算生物学使得传统生命研究走向定量化、精确化,而且可以在系统层面上进行观察研究,这将是未来生命科学研究的重要发展方向之一。

2. 物理学

在物理学中,物理学家和工程师仿照经典计算机处理信息的原理,对量子比特中包含的信息进行操控,如控制一个电子或原子核自旋的上下取向。随着物理学与计算机科学的融合发展,光量子计算机模型"走入寻常百姓家"将不再是梦想。

3. 地质学

在地质学中,地球科学和计算机科学环环相扣。地球是一台模拟计算机,用抽象边界和复杂性层次模拟地球和大气层,并且设置了越来越多的参数来进行测试,地球甚至可以模拟成一个生理测试仪,跟踪测试不同地区人们的生活质量、出生率和死亡率、气候影响等。

4. 数学

在数学领域,18 名世界顶级数学家不懈努力,借助超级计算机计算了 4 年零 77 小时,处理了 2000 亿个数据,发现了 E8 李群。如果在纸上列出整个计算过程所产生的数据,其所需用纸面积可以覆盖整个曼哈顿。

5. 工程学科

在工程(电子、土木、机械等)领域,解决工程问题一般都需要借助计算思维中的抽象、建模等步骤。例如,计算高阶项可以提高精度,进而提高质量、减少浪费并节省制造成本。波音 777 飞机没有经过风洞测试,完全是采用计算机模拟测试的。

6. 航空航天

在航空航天工程中,研究人员利用最新的成像技术,重新检测"阿波罗 11 号"从月球带回来的类似玻璃的沙砾样本,用计算机模拟后的三维立体图像放大几百倍后仍清晰可见,成为科学家进一步了解月球演化过程的重要依据。

7. 经济学

在经济学中,自动设计机制在电子商务中被广泛采用。

8. 社会科学

在社会科学中,传统社会科学实证研究基于的数据大都来自官方、问卷调查、实地调查、田野或实验室。在现代社会科学领域,利用统计机器学习技术来获取更精准的调查数据,从数据出发,提取数据的特征,抽象出数据的模型,发现数据中的知识,又回到对数据的分析与预测中去。如淘宝能够精准地预测,让企业更加了解顾客偏好,以改进产品,并精准投放广告。

9. 医疗

在医疗中,机器人医生能更好地陪伴、观察并治疗自闭症患者,可视化技术使虚拟结肠镜检查成为可能等。自新冠肺炎疫情暴发以来,机器人在抗疫过程中扮演着重要的角色。如图 1.1 所示,在疫情感染区隔离病房,智能机器人护士承担起送药、送餐进隔离区以及回收被服和医疗垃圾的工作。

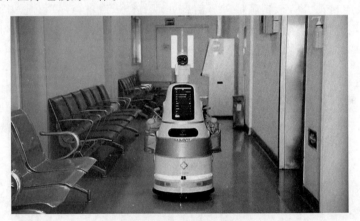

图 1.1　智能机器人护士

10. 环境学

在环境学中,大气科学家用计算机模拟暴风云的形成,预报飓风及其强度。最近,计算机仿真模型表明空气中的污染物颗粒有利于减缓热带气旋。因此,与污染物颗粒相似但不影响环境的气溶胶被研发,并将成为阻止和减缓这种大风暴的有力手段。

11. 大众传媒

在娱乐领域,2021 年的央视春晚采用超高清"云"视频技术,架起观众和演员之间的桥梁。"云传播"联结起五湖四海,为"就地过年"的人们送上浓浓的年味。实时渲染系统把歌手本人的图像从绿幕背景中抠取出来,远程移植到春晚现场。全息投影技术实现了18个同一歌手穿上不同的华服,进行时空切换,中国风与科技感完美结合。依托5G技术的发展,"云传播"技术将实现跨时空的同台互动表演,观众席与现场舞台连成一片,打通时空。

可见,运用理论思维和实验思维无法解决问题时,可以运用计算思维来突破很多难题。处理复杂问题,建立宏大系统,组织大型工程,都可以运用计算机的某些算法或数据结构来模拟。流体力学、物理、电气、电子系统和电路、量子学、社会形态研究,还有核爆炸、蛋白质生成、大型飞机、舰艇设计等领域的研究,都可以应用计算思维,借助现代计算机进行模拟实验。计算思维的应用无处不在!

1.3 计算机概述

计算思维是计算机科学领域的思维工具。要储备一定的计算机知识,才能更好地提高计算思维能力,运用计算思维去发现问题、解决问题,成为未来智能世界的创造者。

1.3.1 计算工具的发展

作为一种能自动、高速、精确地进行信息处理的电子设备,计算机是 20 世纪人类最伟大的发明之一。它也是当代主流的计算工具,是科学技术飞速发展的最好证明。回眸历史,计算工具经历了从简单到复杂、从低级到高级、从低速到高速、从功能单一到功能多样化的漫长过程,如图 1.2 所示。

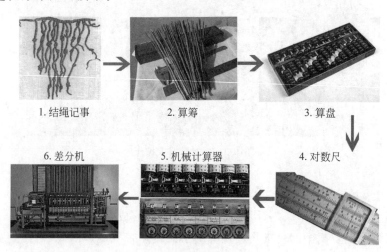

图 1.2 计算工具的发展历程

在原始社会,人们曾使用"结绳"方法来记事和记数,到商代时,中国就已经使用十进制记数方法,这对世界科学和文化的发展都起到不可估量的作用。

春秋战国时期,出现了算筹法,算筹被普遍认为是人类最早的手动计算工具。东汉时期,中国人又发明了算盘。后又陆续流传到日本、朝鲜、美国和东南亚等国家和地区。

随着经济贸易的发展,以及金融业和航运业的逐渐繁荣,复杂、繁重的计算需求增加,促进了计算工具的革新。1621年,英国数学家埃德蒙·甘特制造出了第一把对数尺。

齿轮传动装置技术的发展,为机械式计算机的产生提供了必要的技术支持。1642年,法国数学家帕斯卡创造了第一台能完成加减运算的机械计算器,用于计算税收。

1822年,英国数学家巴贝奇提出了自动计算机的概念,并设计出差分机和分析机。

1884年,美国工程师霍列瑞斯创造了第一台电动计算器,用于人口普查。之后,战争的需要像一双强有力的推手,给电子计算机的诞生铺平了道路。

1931年,美国麻省理工学院教授范内瓦·布什领导制造了模拟计算机"微分分析机"。该机器采用一系列电机驱动,利用齿轮转动的角度来模拟计算结果。

1942年,时任美国爱荷华州立大学数学物理教授的阿塔纳索夫与研究生贝瑞组装了著名的阿塔纳索夫-贝瑞计算机,如图1.3(a)所示,它使用了300多个电子管,也是世界上第一台具有现代计算机雏形的计算机。但是由于美国政府正式参加第二次世界大战,致使该计算机并没有真正投入运行。

1946年,美国宾夕法尼亚大学摩尔学院教授莫克利和埃克特共同研制成功了电子数字积分计算机(Electronic Numerical Integrator and Computer,ENIAC)——第一台电子数字计算机,标志着人类计算工具的历史性变革,从此人类社会进入以数字计算机为主导的信息时代。ENIAC如图1.3(b)所示,采用了电子管技术,专门用于火炮弹道计算。它是一个庞然大物,用了约18000个电子管,占地170m²,重达30t,耗电功率约150kW,每秒钟可进行5000次运算。它能完成许多基本计算,如四则运算、平方立方、正余弦等。但是,它采用十进制计算,逻辑单元多,结构复杂,可靠性低,而且没有内部存储器,做每项计算之前,技术人员都需要插拔许多导线,非常麻烦。第一台计算机问世以后,计算机技术飞速发展。如今,具有ENIAC功能的计算机可集成到面积只有几平方毫米的硅片上,售价不到100元。

(a) 阿塔纳索夫—贝瑞计算机

(b) ENIAC

图1.3　电子计算机

1.3.2　现代计算机的理论基础

假设有一个无穷的纸带,纸带就像一个存储器一样。纸带上面的每个格子是空白的,但是可以读写数据。机器只能写 0、1,或者什么也不写。这个机器有一个探头,探头可以移动到每一个空格上,用这个探头,机器可以有 3 个基本操作。

(1) 读空格上的数据。

(2) 编辑数据,可以是写一个新的数据,或者直接擦除数据。

(3) 移动纸带向左或者向右,机器就可以编辑下一个空格。

以上就是图灵机的形象描述。图灵机的数学模型如图 1.4(a)所示,它是图灵(图 1.4(b))在 1936 年发表的《论可计算数及其在判定性问题上的应用》上提出的。既然是数学模型,它就不是一个实体概念,而仅仅是一个想法。在文章中,图灵描述了它是什么,并且证明了只要图灵机可以被实现,就可以用来解决任何可计算问题。这一结论为计算机奠定了坚实的理论基础。更多人开始投身计算机的理论研究,而不再仅仅是尝试构建一台机器。如今,所有的通用计算机都是图灵机的一种实现,图灵机被公认为现代计算机的理论基础。

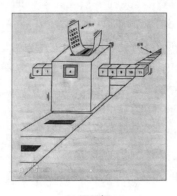　　

(a) 图灵机　　　　　　　　　　　　(b) 图灵

图 1.4　图灵机和图灵

1.3.3　现代计算机的基本框架和特点

虽然 ENIAC 是世界上第一台开始设计并投入运行的电子计算机,但它还不具备现代计算机的主要原理特征——存储程序和程序控制。

1946 年 6 月,美籍匈牙利科学家冯·诺依曼(图 1.5)在他的学术报告《电子计算机结构的基本框架初探》中首次提出了通用存储程序的通用计算机方案,提出了"存储程序"的概念和"二进制"的原理,为电子计算机的逻辑结构设

图 1.5　冯·诺依曼

计奠定了基础。后来,人们把利用这种原理设计的电子计算机系统都称为"冯·诺依曼体系结构"计算机,这将在第 3 章中详细介绍。

现代计算机成为现今社会必不可少的工具,其特点如下。

1. 高速运算能力

计算机的运算速度是指在单位时间内执行的平均指令数。当前计算机系统的运算速度已达每秒亿亿次,微型计算机也可达每秒亿次以上,为快速解决大量复杂的科学计算问题提供了条件。

2. 计算精度高

科学来不得半点差错,特别是尖端科学技术的研究。一般计算机可以有十几位甚至几十位(二进制)有效数字,计算精度可由千分之几到百万分之几,充分保证了精度。

3. 具有逻辑判断能力

计算机不仅具有算术运算能力,还具有逻辑运算能力。最基本的逻辑运算包含与、或、非 3 种,能实现各种复杂的逻辑运算。因此计算机可以进行判断、推理、证明和自动控制。

4. 具有记忆存储能力

计算机具有记忆存储大量信息的存储部件,可以将原始数据、程序和中间结果等信息存储起来,以备调用。目前计算机的存储容量越来越大,已高达千兆数量级的容量。

5. 具有自动运行能力

计算机能够按照存储在其中的程序自动工作,不需要用户直接干预运算、处理和控制。

1.3.4 现代计算机的发展

从 1946 年到现在,计算机大致经历了电子管、晶体管、中小规模集成电路、大规模和超大规模集成电路 4 个时代。

1. 第 1 代(1946 年—20 世纪 50 年代中期):电子管时代

该时期计算机的基本电子器件为电子管,主要使用机器语言,计算机的应用领域主要在军事和科学研究中。第 1 代计算机的特点是体积庞大、运算速度低(一般每秒几千次到几万次)、成本高、可靠性差、内存容量小。其代表机型有 ENIAC、EDVAC(图 1.6)、IBM 650(小型机)和 IBM 709(大型机)等。

2. 第 2 代(20 世纪 50 年代中末期—60 年代中期):晶体管时代

晶体管比电子管小得多,不需要暖机时间,消耗能量较少,处理更迅速、更可靠。程序语言从机器语言发展到汇编语言。高级语言 FORTRAN 语言和 BASIC 语言也相继被开发出来,并被广泛使用。这时的计算机开始使用磁盘和磁带作为辅助存储器。第 2 代计算机的体积和价格都下降了,主要用于商业领域、大学和政府机关。其代表机型有 IBM 7090(图 1.7)、IBM 7094 和 ATLAS 等。

图 1.6　EDVAC

图 1.7　IBM 7090

3. 第 3 代(20 世纪 60 年代中期—70 年代初期)：中小规模集成电路时代

集成电路(Integrated Circuit)是做在晶片上的一个完整的电子电路。该晶片可以比

手指甲还小，却包含了几千个晶体管元器件。该时期，计算机软件出现了操作系统，各类高级语言全面发展。计算机的运行速度也提高到每秒几百万次，可靠性和存储容量进一步提高。外部设备种类繁多，和通信密切结合起来，广泛地应用到科学计算、数据处理、事务管理、工业控制等领域。其特点是体积更小，价格更低，可靠性更高，计算速度更快。代表机型有 IBM 360(图 1.8)，还有 PDP-11 和富士通 F230 系列等。

图 1.8　IBM 360

4. 第 4 代（20 世纪 70 年代初期至今）：大规模和超大规模集成电路时代

第 4 代计算机使用的元器件依然是集成电路，但是集成度越来越高，在更小的芯片上集成更多的电路。1975 年，IBM 公司推出了个人计算机。从此，人们对计算机不再陌生，计算机的使用越来越广泛。该时期计算机的软件越来越丰富，出现了数据库系统、可扩充语言和网络软件等，计算机的运行速度可达到每秒上千万次到万亿次，计算机的存储容量和可靠性有了很大提高，功能更加完备。计算机在办公自动化、数据库管理、图像识别、语音识别、专家系统及家庭娱乐等众多领域中大显身手，应用领域已涉及国民经济的各个方面。

1.3.5 计算机的发展趋势

计算机技术是世界上发展最快的科学技术之一，未来的计算机将向巨型化、微小化、网络化、智能化、多媒体化等方向发展。

1. 巨型化

巨型化是指发展高速的、大存储量和强功能的巨型计算机。巨型计算机主要应用于天文、气象、地质和核反应、航天飞机和卫星轨道计算等高端科学技术领域。研制巨型计算机的技术水平是衡量一个国家科学技术和工业发展水平的重要标志。因此，工业发达国家都十分重视巨型计算机的研制。目前，运算速度为每秒几百亿次到上千亿次的巨型计算机已经投入运行，更高速度的巨型计算机也正在研制中。

下面简要介绍我国生产的几款重要的巨型计算机。

1）银河-Ⅰ 巨型计算机

1983 年 12 月 22 日，中国第一台每秒钟运算达 1 亿次以上的计算机——"银河"（图 1.9）在长沙研制成功。它的设计主持人为中国科学院院士慈云桂教授（1917—1990）。慈教授也被称为"中国巨型机之父"。

图 1.9 中国第一台巨型计算机"银河-Ⅰ"

2）天河一号

2010 年 11 月，国防科学技术大学研制的"天河一号"首次荣登世界超级计算机 500 强的榜首，中国也是首次获得超级计算机世界冠军的称号。"天河一号"超级计算机由 6144 个 CPU 和 5120 个 GPU 组成，装在 103 个机柜中，占地面积近千平方米，总重量达到 155t。"天河一号"峰值运算速度为每秒 4700 万亿次，它运算 1 天，相当于 1 台双核的桌面计算机运算 600 年以上的时间；它的存储容量为两千万亿个字节，按一个汉字两个字节计算，它相当于存储了 100 万汉字的书籍 10 亿册。"天河一号"于 2010 年投入使用，在航天、天气预报和海洋环境模拟方面均取得了显著成就。

3）天河二号

2013 年 6 月，国防科学技术大学研制的"天河二号"（图 1.10）以每秒 33.86 千万亿次的浮点运算速度，在世界超级计算机 500 强中排名第一。2013—2015 年，"天河二号"超级计算机连续多次在世界超级计算机 500 强榜单中称雄。"天河二号"目前已在商用大飞机设计、高分辨率对地观测、基因测序、生物医药、天气预报、智慧城市、云计算与大数据等多个领域获得成功应用。

图 1.10　"天河二号"超级计算机

4）神威·太湖之光

2016 年 6 月，在世界超级计算机 500 强榜单中，"神威·太湖之光"超级计算机位居第一，"天河二号"超级计算机位居第二。中国自主研发的"神威·太湖之光"超级计算机累计使用了 4 万多颗"申威 26010"芯片，其运算速度达到了每秒 12.5 亿亿次的峰值计算水平和每秒 9.3 亿亿次的持续计算能力。

2. 微小化

微小化是指利用微电子技术和超大规模集成电路技术，使计算机的体积进一步缩小，价格进一步降低，计算机的微小化已成为计算机发展的重要方向。各种便携式计算机、笔记本式计算机和智能手机的大量面世和使用，是计算机微小化的一个标志。

3. 网络化

计算机网络化是计算机发展的又一个趋势。从单机走向联网，是计算机应用发展的必然结果。所谓计算机网络化，是指用现代通信技术和计算机技术把分布在不同地点的计算机互联起来,组成一个规模更大、功能更强的可以互相通信的网络结构。互联网则是将许多网络连接在一起,形成全球性互联网络。物联网、云计算等进一步拓展了计算机网络化的发展范围。

4. 智能化

计算机智能化是指使计算机具有模拟人的感觉和思维过程的能力,使计算机成为智能计算机。智能化的研究包括模拟识别、物形分析、自然语言的生成和理解、博弈、定理自动证明、自动程序设计、专家系统、学习系统和智能机器人等。目前,已研制出的多种具有人的部分智能的机器人,可以代替人在一些危险的工作岗位上工作。图 1.11 所示为已经投入使用的矿用消防机器人。

图 1.11 矿用消防机器人

5. 多媒体化

多媒体计算机就是利用计算机技术、通信技术和大众传播技术来综合处理多种媒体信息的计算机,多媒体技术使用多种媒体信息,包括文本、声音、图像、视频等,将其集成为一个系统,并具有交互性。最典型的就是虚拟现实(Virtual Reality,VR)技术的使用,VR技术服务于我们的生活,可广泛应用于城市规划、室内设计、工业仿真、古迹复原、房地产销售、旅游、教学等众多领域,让消费者不去异地而获得"身临其境"的体验。

1.3.6 计算机的应用

计算机在科学技术、国民经济、社会各方面都得到了深入而广泛的应用,按其应用特点可以划分为以下几个方面。

1. 科学计算

科学计算是计算机最早的应用。随着现代化科学技术和工农业的发展,人们对大自然的认识越来越深刻,需要的计算越来越复杂,对计算机的要求(如精度、速度等)也越来越高。例如,精确预报天气,这个计算如果用人工来做,要花几个星期甚至几个月,而电子计算机仅需几分钟就可以算出精确的结果。在空间探索方面,人造地球卫星、宇宙飞船发射前需要进行大量的数据计算,只要计算中有一点极小的差错,就会导致发射失败。

2. 数据处理

数据处理是目前最为广泛的一个应用。文字、图片、影像、声音等多媒体信息,都已成为计算机的处理数据。数据处理是指对数据的收集、存储、加工、分析和传送的全过程。计算机数据处理应用广泛,如财政、金融系统数据的统计和核算;图书、文献和档案资料的管理和查询;铁路、机场和港口的管理和调度等。而多媒体技术的发展,为数据处理增加了新鲜的内容,如指纹的识别、语音分析与识别等。计算机性能的飞速提高,也为庞大数据量的计算提供了更多技术支撑。

3. 过程控制

过程控制是生产自动化的重要技术,它是由计算机实时采集数据,检测控制对象的运行数据等实时参数,按照一定的算法进行分析处理,然后反馈到执行机构进行控制的过程。计算机的控制对象可以是机床、生产线和车间,甚至是整个工厂。例如,在化工厂可控制化工生产的某些环节或全过程;在炼铁车间可控制高炉生产的全过程。用于生产过程控制的系统可以提高劳动生产效率、产品质量、自动化水平和精确度,减少生产成本,减轻劳动强度。

4. 计算机辅助系统

计算机辅助系统有计算机辅助设计、计算机辅助制造、计算机辅助测试和计算机辅助教学等。

(1) 计算机辅助设计(Computer Aided Design,CAD)是指利用计算机来帮助设计人员进行设计工作。它的应用大致可以分为两类:一是产品设计,二是工程设计。

(2) 计算机辅助制造(Computer Aided Manufacturing,CAM)是指利用计算机进行生产设备的控制、操作和管理,它能提高产品质量,降低生产成本,缩短生产周期,并有利于改善生产人员的工作条件。

(3) 计算机辅助测试(Computer Aided Testing,CAT)是指利用计算机来进行复杂而大量的测试工作。

(4) 计算机辅助教学(Computer Aided Instruction,CAI)是指利用计算机帮助学生学习,组织教学内容,并编制好教学程序,使学生能通过人机交互的方式轻松学到需要的知识。

5. 电子商务

随着我国互联网普及率的提高,电子商务也迎来了腾飞,网购已经成为大众消费者的寻常购物方式。电商在移动端的交易规模不断超越个人计算机(Personal Computer,PC)端,这也跟计算机系统的微型化发展关系紧密。未来,随着计算机多媒体形式的多样化和支撑技术的先进化,移动购物模式也慢慢趋于场景化、个性化等。

6. 电子政务

电子政务是指政府工作、活动的电子化和网络化,是政府机构应用现代电子信息和通信技术,对传统政府事务进行改革,将政府的管理和服务工作通过网络技术进行集成,在互联网上提供优质、规范、透明、符合国际水准的管理和服务。电子政务主要包括以下 3

个方面：电子政府、电子采购、电子征税。当前,电子政务系统越来越成熟,使得"最多跑一次"变为现实,大大提高了部门的办事效率,节约了民众的时间成本。

7. 计算机通信

计算机通信也是一项重要的计算机应用领域。计算机网络技术的发展促进了计算机通信业务的开展。目前,完善计算机网络系统和加强国际信息交流已成为世界各国经济发展、科技进步的战略措施之一,因而世界各国都特别重视计算机通信的应用。

8. 人工智能

人工智能是指计算机模拟人类某些智力行为的理论、技术和应用。人工智能是计算机应用的一个新的领域。目前,人工智能在医疗诊断、定理证明、语言翻译、机器人等方面都已取得了显著成效。

1.4　人工智能时代下的计算思维

无人驾驶汽车、围棋人机大战中大获全胜的 AlphaGo、遍布城市的无人超市、酒店里的机器人服务员,都宣告着人类已经进入了人工智能时代。我国已将发展人工智能上升为国家战略。人工智能的核心是利用各种有效的计算模型,通过数据计算使机器发挥智能功能,延伸和扩展人的智能。面对人工智能时代的发展,计算思维的内容又会有哪些延伸和拓展呢?

1.4.1　人工智能简介

1956 年的达特茅斯会议上,麦卡锡对人工智能(Artificial Intelligence,AI)做了如下定义:人工智能就是让机器的行为看起来像是人所表现出的智能行为一样。历史上,人工智能的发展也经历过三次高峰和两次低谷,但是始终围绕的一个核心就是研究人类智能活动的规律,模拟人类思维,构造具有一定智能的机器系统。作为一门学科,人工智能研究智能行为的计算模型,研制具有感知、推理、学习、联想、决策等思维活动的计算机系统,解决需要人类专家才能处理的复杂问题。所谓的智能行为包括语言智能、节奏智能、数理智能、空间智能、动觉智能、自省智能和交流智能等。

人工智能的主要原理是通过帮助计算机建立学习功能,从而使其对人的意识、思维的信息过程进行模拟。人工智能并不是人的智能,研究者更希望机器能像人那样思考,甚至在某些时候能超过人的智能。

1.4.2　人工智能的应用领域

人工智能在生活中的应用一般分为自然语言处理、模式识别、机器视觉、专家系统以及各领域交叉应用 5 个领域。

1. 自然语言处理

自然语言处理的目的是实现人与计算机之间用自然语言进行有效通信,具体内容如下。

(1) 计算机能把输入的自然语言按要求翻译成另一种语言。

(2) 计算机能正确理解人类用自然语言输入的信息,并能正确答复(响应)输入的信息。

(3) 计算机能对输入的信息摘取重点,并且自动学习,复述和执行输入的内容。

现如今已经实现的典型应用主要表现在以下方面。

1) 多语言翻译

以前,机器翻译的结果都是直译,需要人类对翻译后的结果进行人工加工。涉及专业(如法律、医疗)领域的翻译时,容易错漏百出。面对这一困境,人工智能在自然语言处理领域的关注点就是努力打通翻译的壁垒。只要提供海量的数据,机器就能自己学习任何语言,包括其语法习惯和逻辑。智能机器从零开始进入一个新的领域,大概二周学习时间就能达到较专业的水平,学习数据越多,水平也越高。例如,对法律类专业文章进行翻译,让机器学习优质的法律文章,就可以保证翻译达到95%的流畅度,而且能做到实时同步。

2) 虚拟个人助理

虚拟个人助理是指使用者通过声控、文字输入的方式来完成一些日常生活的小事。

大部分的虚拟个人助理都可以做到搜集简单的生活信息,并在观看有关评论的同时帮助用户优化信息,进行智能决策。同时,部分虚拟个人助理还可以直接播放音乐或者收取电子邮件。生活中最常见的虚拟个人助理有天猫精灵、小爱、Siri、AI 客服、AI 助教等。

2. 模式识别

模式识别的目的是能根据对象描述进行正确分类。人类见到一个东西后,就会给其归类:是动物还是植物,属于哪一门纲目属科,是否可以药用,是否有果实,花朵是否漂亮,是否有毒……这一大串归类构成了人类对于这种事物的整体认知,这就是人类对于模式的识别。这种技能对于人类甚至是一些动物来说,是非常简单而且是与生俱来的。

对机器来说,哪怕是分辨最简单的"0""O""o""。"都要费九牛二虎之力。这也就是为什么人类以前在使用一些图片识别软件时,发现结果会错得不可思议的原因。而人工智能在模式识别领域的关注点就是研究一种自动技术,让机器可以自动地或尽可能少地需要人工干预,将对象分配到正确的模式类中去。模式识别在生活中的应用场景较多,最常见的有文字识别、语音识别、人脸识别、指纹识别等。

1) 文字识别

汉字已有数千年的历史,也是世界上使用人数最多的文字,对中华民族灿烂文化的形成和发展有着不可磨灭的功勋。在信息技术及计算机技术日益普及的今天,文字输入速度已成为提高人机接口效率的瓶颈。目前,汉字输入主要分为人工键盘输入和机器自动识别输入,其中人工键入速度慢且劳动强度大。自动识别输入又分为汉字识别输入及语音识别输入。汉字识别输入的典型应用技术为光学字符识别(Optical Character

Recognition,OCR)技术,其流程如图 1.12 所示。从影像到结果输出,须经过影像输入、影像预处理、文字特征提取、对比识别,最后经人工校正,更正弄错的文字,输出结果。在文档检索、各类证件识别场景中,文字识别技术可以方便用户快速录入信息,提高各行各业的工作效率。

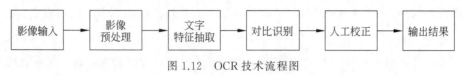

图 1.12　OCR 技术流程图

2) 语音识别

语音识别技术涉及的领域包括信号处理、模式识别、概率论和信息论、发声机理和听觉机理等。语音识别方面有一个比较有趣的应用——语音评测服务,它是利用云计算技术,将自动口语评测服务放在云端,并开放应用程序编程接口(API),供客户远程使用。在语音测评服务中,人机交互式教学能实现一对一口语辅导,就好像是请了一个外教在家,解决了哑巴英语的问题。

3) 人脸识别

人脸识别,是基于人的脸部特征信息进行身份识别的一种生物识别技术。人脸识别技术流程如图 1.13 所示。首先,在一幅图像或视频流中检测出人像,将人像从背景中分离出来;接着,通过图像预处理定位出人脸的位置、大小以及各个主要面部器官的位置信息;然后利用这些数据对人脸进行三维建模,将待识别的人脸模型与数据库中的人脸特征模板进行比较匹配,根据相似程度判断人脸的身份信息,如果不能识别成功,就继续重新采集。广义的人脸识别包括构建人脸识别系统的一系列相关技术,包括人脸图像采集、人脸定位、人脸识别预处理、身份确认以及身份查找等。人脸识别技术的应用十分广泛,2019 年,我国就有通过人脸识别技术跨年龄识别人脸,成功找回失散 12 年孩子的案例。

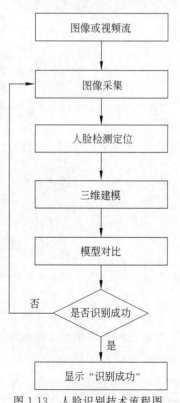

图 1.13　人脸识别技术流程图

4) 指纹识别

指纹识别,是指在指纹图像上找到并比对指纹的特征。我们的手指指腹、脚趾趾腹表面的皮肤纹路形成各种各样的图案,且具有唯一性。依靠这种唯一性,可以将一个人和他的指纹对应起来,通过比较他的指纹和预先保存的指纹,便可以验证他的身份。目前,指纹识别技术已经广泛应用在智能门锁、手机登录、考核打卡、安全认证等方面。

3. 机器视觉

机器视觉,简单地说就是用机器代替人眼来做判断和决策。机器视觉的工作原理是通过相机将目标物体采集成图像信号,传给计算机,计算机对目标进行识别、跟踪和测量。目前,机器视觉的关注点是通过对采集的图片或视频进行处理,重建相应场景的三维信息。

随着各级政府大力推进"平安城市"建设,监控点位越来越多,产生了海量的数据。以机器视觉为核心的安防技术领域具有海量的数据源以及丰富的数据层次,同时安防业务的本质诉求与 AI 的技术逻辑高度一致,可以从事前的预防应用到事后的追查。

4. 专家系统

专家系统的目的是让计算机能够利用人类专家的知识和经验来处理该领域的复杂问题。通常是根据某领域一个或多个专家提供的知识和经验进行推理和判断,模拟人类专家的决策过程,去解决那些需要人类专家处理的复杂问题。

1)无人驾驶汽车

无人驾驶汽车是智能汽车的一种,是一个集定位技术、环境感知、路线规划与决策等功能于一体的综合智能系统。典型的无人驾驶汽车的整体结构如图 1.14 所示。车顶的激光定位器不间断地确定位置,将定位数据和车内摄像头、激光测距仪收集到的实时数据进行综合处理,更加精确地绘制出周围实时的三维地形图。车身四周布满各种感应器,比如位置感应器用来侦测车胎的移动情况,帮助车辆进行定位,使汽车在一定轨道上运行,不至于跑偏。比如方向感应器用来保持汽车平衡及方向感。车头雷达用来侦测前方车辆的距离及车速,以免相撞。车载处理器收集各种感应器数据,通过一定的算法模拟人类专家,在极短时间内做出判断,完成车辆动作,比如找到正确轨迹或者判断什么时候加速或减速。

图 1.14 无人驾驶汽车的整体结构

从 20 世纪 70 年代开始,美国、英国、德国等发达国家开始进行无人驾驶汽车的研究,在可行性和实用性方面都取得了突破性的进展。我国从 20 世纪 80 年代开始进行无人驾驶汽车的研究,国防科学技术大学在 1992 年成功研制出我国第一辆真正意义上的无人驾驶汽车。2005 年,首辆城市无人驾驶汽车在上海交通大学研制成功。目前,世界上先进的无人驾驶汽车已经测试行驶近五十万千米,其中最后八万千米是在没有任何人为安全干预的措施下完成的。

2）天气预测

在天气预测中,专家系统的地位也是决定性的。专家系统首先通过手机的全球定位系统(Global Positioning System,GPS)定位到用户所处的位置,再利用算法对覆盖全国的雷达图进行数据分析并预测。用户就可以随时随地地通过智能手机或计算机查询自己所在地的天气走势。天气预测中"局部地区有雨"的字眼将变成"您所在街道25分钟后下小雨,50分钟后雨停"。这相当于配备了一位专属的天气预报员,收到的天气预报能精准到分钟和所在街道。

3）城市大脑

城市大脑系统是将交通、能源、供水等基础设施全部数据化,将散落在城市各个角落的数据进行汇总,再通过超强的分析、超大规模的计算,实现对整个城市的全局实时分析,让城市智能地运行起来。2021年杭州的城市大脑(图1.15)变得日益"聪明",从数字化到智能化到智慧化,不断以数字赋能城市治理。在川流不息的延安路上,可以做到抬头"一路见泊位";私家车日间可以扫码"借停"公交场站;将医院预约挂号场景和智慧停车场景融合,从预约挂号开始,交通服务就已经帮你贴心安排;智能调节红绿灯提高了车辆通行速度,大大改善了出行体验。

图1.15　杭州的城市大脑

5. 各领域交叉应用

各领域交叉应用最突出的就是智能机器人。它既可以接受人类指挥,又可以运行预先编排的程序,也可以根据以人工智能技术制定的原则纲领行动。它的任务是协助或取代人类工作,例如工厂生产、建筑业或是危险的工作。

如图1.16所示,国内某公司物流机器人正帮助电子商务企业高效、安全地分发货物。萌宠机器人耐心地像小伙伴一样和孩子交流,记忆功能还能记住宝宝的使用习惯,迅速找到宝宝想听的内容。

图 1.16 我国某公司物流机器人

1.4.3　人工智能时代的挑战

人工智能技术已经渗透到各行各业,它的开发应用将深刻改变人类的生活,不可避免地冲击现有的伦理和社会秩序。

人工智能的发展可能会侵犯人的隐私。个人的很多重要信息,如健康信息、位置信息和网络痕迹等,都可以通过各种识别技术被实时采集和保存。这样,个人便失去了对自身隐私的控制,一些隐私甚至处于随时被窥探的状态。一旦被非法窃取利用,就可能导致自身权益受损。

人工智能可能隐含着各种算法偏见,人工智能的算法虽然只是一种数学表达,看似与个人价值无关,但实际却不可避免地存在着主观偏见。这种偏见的来源是多方面的,既有可能来自于训练系统数据输入的偏向性,又有可能来自于编程人员的价值观嵌入。

服务型机器人在服务人类时,可能会跟人或环境发生冲突,责任该如何划分?如果无人车在马路上出现事故,责任又该如何划分?很多问题都有待解决。

1.4.4　人工智能与计算思维

人工智能拓展了计算思维在各个专业学科的适用性。如今,人工智能技术已经慢慢渗透到各个领域,人工智能赋能实体经济的场景更多了,智能设备也与各专业工作学习形影不离。人工智能的广泛应用,帮助人们更多地训练计算思维能力。为了能更好地操控智能设备和技术,更好地体验智能实体场景,更需要提高计算思维能力。

计算思维的普及推动了人工智能的发展，人工智能需要计算思维来帮助完成决策。计算思维结合专业技能的综合应用，进一步提高了人类认识世界和解决实际问题的能力，使得人工智能解决方案产品化，可迭代，可复用，推动了人工智能在大型应用场景中的落地部署，加快突破了人工智能的跨学科问题，取得了革命性的成果。

1.5　本章小结

本章主要介绍了计算思维的基本概念，与计算机相关的基本理论知识，并探讨了人工智能的概念及相关应用，引申出人工智能与计算思维之间的关系，引导读者从计算思维的角度去体验智能化思维。

本章的思维导图如图 1.17 所示。

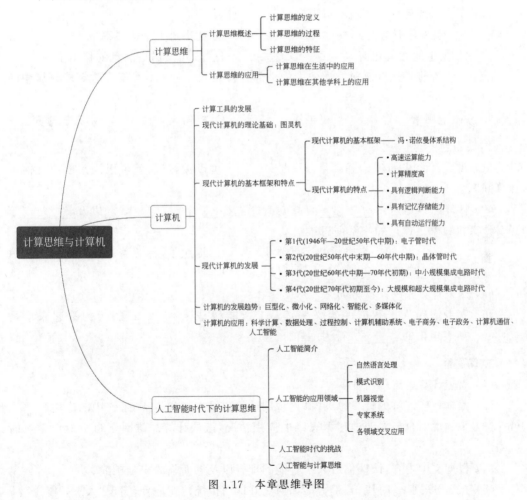

图 1.17　本章思维导图

1.6 习　　题

1. 选择题

(1)（　　）被誉为"现代电子计算机之父"。

　　A. 巴贝奇　　　　　　B. 阿塔纳索夫　　　　C. 图灵　　　　　　D. 冯·诺依曼

(2) 第三代计算机使用的元器件为（　　）。

　　A. 晶体管　　　　　　　　　　　　B. 电子管

　　C. 中小规模集成电路　　　　　　　D. 大规模和超大规模集成电路

(3) 我国生产的"天河二号"计算机属于（　　）。

　　A. 微机　　　　　　　B. 小型机　　　　　C. 大型机　　　　　D. 巨型机

(4) 图灵机或现代计算机不可以完成（　　）计算。

　　A. 9523 是不是素数　　　　　　　B. 找出班上个子最高的人

　　C. 人生的意义几何　　　　　　　　D. 15 个汉诺塔圆盘的移动步骤

(5) 人工智能是让计算机能模仿人的一部分智能。（　　）不属于人工智能领域中的应用。

　　A. 信用卡　　　　　B. 机械手　　　　　C. 机器人　　　　　D. 人机对弈

2. 填空题

(1) 现代计算机的理论基础是：只要_____可以被实现，就可以用来解决任何可计算问题。

(2) 计算思维是运用_____的基础概念进行_____、_____以及_____等涵盖计算机科学之广度的一系列思维活动。

(3) _____年，第一台电子数字计算机_____诞生了，标志着人类社会进入以数字计算机为主导的信息时代。

(4) 未来计算机的发展方向是_____、_____、_____、_____、_____。

(5) 麦卡锡对人工智能的定义为：人工智能就是让_____的行为看起来像是_____所表现出的_____行为一样。

3. 简答题

(1) 简述计算思维的特征。

(2) 根据自己理解的计算思维，举例说明计算思维在日常生活、工作中的应用。

(3) 举例说明自己专业中计算思维的应用情况，谈谈计算思维对于自身专业学习的帮助。

(4) 根据文中内容，谈谈你对人工智能的理解以及它面临的安全挑战。

(5) 在"互联网＋"时代，人工智能如何更好地与传统行业融合，实现"人工智能＋"？

第 **2** 章 计算机的信息表示

计算机是物理硬件，对应的主要元器件是晶体管，传输的是电信号。这些电信号是如何对应计算机处理的事务，如科学计算、文本处理、视频传输的呢？为了简单起见，计算机采用了二进制，只有 1 和 0 两个数码，这样硬件的高电压和低电压两个状态就可以表示 1 和 0。把生活中所有需要计算机处理的内容都转换成二进制数码 1 和 0，就可以对应到物理硬件了。

2.1　进位记数制

当看到数字"100"，我们首先想到的是 100 元钱、100 个人或者 100 本书。然而在计算机的世界里，"100"代表的数值却不一定都是数值 100，这就涉及数制的概念。我们在日常生活中习惯用十进制，其实除了十进制，还有其他的进制。

古代巴比伦人使用的以 60 为基数的六十进制数字体系，现在仍用于计时，如 60 秒为 1 分钟，60 分钟为一小时。全世界都是 7 天为一周，就是七进制；一年有 12 个月，就是十二进制；中国早期的半斤八两就是十六进制。计算机中的存储、计算，常用的是二进制数。

2.1.1　数制的基本概念

数制也称记数制，是用一组固定的符号和统一的规则来表示数值的方法。在计算机的世界里，常用的数制有十进制、二进制、八进制和十六进制。

2.1.2　基数

基数是一个记数制系统允许使用的基本数字符号的个数。如十进制的基数是十，包含 0、1、2、3、4、5、6、7、8、9 这 10 个数字符号；二进制的基数为 0 和 1 两个数字符号；八进制和十六进制同理。

2.1.3　位权

位权也叫权，是以基数为底的幂，表示处于该位的数字所代表的值大小。不同位置数字的位权不同。如十进制数 123，1 的权值是 10^2，2 的权值是 10^1，3 的权值是 10^0；如果是八进制 123，则 1 的权值是 8^2，2 的权值是 8^1，3 的权值是 8^0。

2.2 常见的各种数制及转换

2.2.1 十进制

在日常生活中，人们习惯用十进制记数法，即逢 10 进 1。十进制数由 0、1、2、3、4、5、6、7、8、9 这 10 个数字组成，10 称为十进制的基数。表示数据时，在括号外加下标 10，或者在数字后面加字母 D，表示十进制。一般没有特殊标明的，默认是十进制数（本书也如此）。

例如，十进制数 1234.56 可以写成以下形式。

$$(1234.56)_{10} = 1 \times 10^3 + 2 \times 10^2 + 3 \times 10^1 + 4 \times 10^0 + 5 \times 10^{-1} + 6 \times 10^{-2}$$
$$= 1234.56$$

从以上例子可以看出，十进制数具有以下特点。

(1) 可用数字的个数等于基数 10，即每个十进制数由 $0,1,2,\cdots,9$ 这 10 个数字表示。

(2) 最大的数字比基数小 1，即为 9，采用逢 10 进 1 的原则。

(3) 每个数字符号在数中的位置代表不同的权值，十进制数的"权"是 10 的幂次，"权"的大小与该数字离小数点的位数及方向有关。

一般而言，对于任意正十进制数 S，可以写成以下形式：

$$(S)_{10} = a_n a_{n-1} \cdots a_1 a_0 . a_{-1} a_{-2} \cdots a_{-m}$$
$$= a_n \times 10^n + a_{n-1} \times 10^{n-1} + \cdots + a_1 \times 10^1 + a_0 \times 10^0 +$$
$$a_{-1} \times 10^{-1} + a_{-2} \times 10^{-2} + \cdots + a_{-m} \times 10^{-m}$$

2.2.2 二进制

自然界中存在大量对立的现象，例如高和低、开和关、有和无、通和断等，它们对应着二进制。在计算机中采用二进制源于电子元器件的物质基础，它易于构成或实现两种不同的物理状态，如高电平代表 1，低电平代表 0，或相反。

二进制数由 0 和 1 两个数字符号组成，2 为二进制的基数。表示二进制数时，在括号后面加下标 2，或者在数字后面加字母 B。

例如，二进制数 101011.101 代表的值是什么呢？如下所示。

$$(101011.101)_2 = 1 \times 2^5 + 0 \times 2^4 + 1 \times 2^3 + 0 \times 2^2 + 1 \times 2^1 +$$
$$1 \times 2^0 + 1 \times 2^{-1} + 0 \times 2^{-2} + 1 \times 2^{-3}$$
$$= 43.625$$

2.2.3　八进制和十六进制

计算机使用二进制,但它书写序列较长,数字不是 0 就是 1,不易阅读和记忆。为了增强易读性,在图书或文章中用到二进制数时,一般都将它转换成八进制数或十六进制数,在程序中用到二进制数时也往往做这样的转换。八进制数和十六进制数书写序列简单,易读易记,与二进制数的转换也方便。

八进制数由 0、1、2、3、4、5、6、7 共 8 个数字符号组成,8 为八进制的基数。表示八进制数时,在括号后面加下标 8,或者在数字后面加字母 O。

例如,八进制数 4563.17 代表的值是什么呢?

$$(4563.17)_8 = 4 \times 8^3 + 5 \times 8^2 + 6 \times 8^1 + 3 \times 8^0 + 1 \times 8^{-1} + 7 \times 8^{-2}$$
$$= 2419.23$$

十六进制数由 0~9、A、B、C、D、E 和 F 共 16 个符号组成,16 为十六进制的基数;其中 A 表示十进制数 10,B 表示十进制数 11,以此类推,F 表示十进制数 15。表示十六进制数时,在括号后面加下标 16,或者在数字后面加字母 H。

例如:十六进制数 3AC.8 代表的值是什么呢?

$$(3AC.8)_{16} = 3 \times 16^2 + A \times 16^1 + C \times 16^0 + 8 \times 16^{-1}$$
$$= 3 \times 16^2 + 10 \times 16^1 + 12 \times 16^0 + 8 \times 16^{-1}$$
$$= 940.5$$

2.2.4　不同进制数的转换

1. 其他进制数转换成十进制数

其他进制数转换成十进制数的方法为:各位数字按权展开。

$$(S)_R = a_n a_{n-1} \cdots a_1 a_0 . a_{-1} a_{-2} \cdots a_{-m}$$
$$= a_n \times R^n + a_{n-1} \times R^{n-1} + \cdots + a_1 \times R^1 + a_0 \times R^0 +$$
$$a_{-1} \times R^{-1} + a_{-2} \times R^{-2} + \cdots + a_{-m} \times R^{-m}$$

如

$$(101011.101)_2 = 1 \times 2^5 + 0 \times 2^4 + 1 \times 2^3 + 0 \times 2^2 + 1 \times 2^1 +$$
$$1 \times 2^0 + 1 \times 2^{-1} + 0 \times 2^{-2} + 1 \times 2^{-3}$$
$$= 43.625$$

$$(4563.17)_8 = 4 \times 8^3 + 5 \times 8^2 + 6 \times 8^1 + 3 \times 8^0 + 1 \times 8^{-1} + 7 \times 8^{-2}$$
$$= 2419.23$$

$$(3AC.8)_{16} = 3 \times 16^2 + A \times 16^1 + C \times 16^0 + 8 \times 16^{-1}$$
$$= 3 \times 16^2 + 10 \times 16^1 + 12 \times 16^0 + 8 \times 16^{-1}$$
$$= 940.5$$

2. 十进制数转换成其他进制数

十进制数通常由两部分构成,整数部分和小数部分。这两部分在转换成其他 R 进制数时,方法不同。

1) 整数部分:除以 R 取余法

即每次将整数部分除以 R,余数写在后面,而商继续除以 R,一直持续下去,直到商为 0 为止。最后产生的 R 进制数为从最后一个余数开始向上写,直到最前面的一个余数为止。

例如,十进制数 100 转换成对应的二进制数为 $(1100100)_2$。运算方法如下。

```
2 | 100
2 | 50 ·········· 0
2 | 25 ·········· 0
2 | 12 ·········· 1
2 | 6 ·········· 0
2 | 3 ·········· 0
2 | 1 ·········· 1
    0 ·········· 1
```

2) 小数部分:乘以 R 取整法

即将小数部分乘以 R,取整数部分。剩下的小数部分继续乘以 R,取整数部分,如此循环,直到小数部分为 0。如果小数部分永远不能为零,则按照要求保留相应位数的小数。

例如,十进制数 0.125 转换成对应的二进制数为 $(0.001)_2$。

$$
\begin{array}{r}
0.125 \\
\times \quad 2 \\
\hline
0.250 \quad \cdots\cdots 0 \\
\times \quad 2 \\
\hline
0.500 \quad \cdots\cdots 0 \\
\times \quad 2 \\
\hline
1.000 \quad \cdots\cdots 1
\end{array}
$$

因此,十进制数转换成任意 R 进制数,其转换规则如下:整数部分用除以 R 取余法;小数部分用乘以 R 取整法。

3. 二进制数与八进制数的转换

我们知道 2^3 等于 8,就是 3 位二进制数可以表示一位八进制数,于是二进制数转换成八进制数的方法是将 3 位二进制数转换成一位八进制数。具体方法为:以二进制数的小数点为分界线,向左(向右),每 3 位形成一组,如果不够 3 位的补零凑成 3 位;然后每组 3 位二进制数为一个单位,转换成对应的八进制数。

例如,二进制数 $(1101011.1011)_2$ 转换成八进制数如下所示。

二进制数: 001   101   011 . 101   100
八进制数: 1   5   3   .   5   4

$$(1101011.1011)_2 = (153.54)_8$$

相应地,八进制数转换成二进制数的方法为:小数点位置不变,把一位八进制数转换成 3 位二进制数。

例如,$(54.31)_8$ 转换成二进制数,如下所示。

八进制数:　 5　　 4　 .　3　　1
二进制数: 101　 100　.　011　 001

$$(54.31)_8 = (101100.011001)_2$$

4. 二进制数与十六进制数的转换

我们知道 2^4 等于 16,就是 4 位二进制数可以表示一位十六进制数,于是二进制数转换成十六进制数,就是将 4 位二进制数转换成一位十六进制数。具体方法为:以二进制数的小数点为分界线,向左(向右),每 4 位形成一组,如果不够 4 位的补零凑成 4 位;然后以每组 4 位二进制数为一个单位,转换成对应的十六进制数。

例如,二进制数 $(1101011.1011)_2$ 转换成十六进制数,如下所示。

二进制数:　 0110　 1011　.　1011
十六进制数:　 6　　 B　 .　 B

$$(1101011.1011)_2 = (6B.B)_{16}$$

相应地,十六进制数转换成二进制数的方法为:小数点位置不变,把一位十六进制数转换成 4 位二进制数。

例如:$(A54.31)_{16}$ 转换成二进制数,如下所示。

十六进制数:　 A　　 5　　4　 .　3　　1
二进制数: 1010　0101　0100　.　0011　0001

$$(A54.31)_{16} = (101001010100.00110001)_2$$

5. 八进制数和十六进制数的转换

方法:借助二进制数来转换。先将八进制数或十六进制数转换成二进制数,再把二进制数转换成十六进制数或八进制数。

例如:$(54.31)_8 = (101100.011001)_2 = (0010\ 1100.0110\ 0100)_2 = (2C.64)_{16}$

$(A54.3)_{16} = (101001010100.0011)_2 = (101\ 001\ 010\ 100.001\ 100)_2 = (5124.14)_8$

可以尝试用 Windows 计算器来进行不同数制数间的转换。

2.3　二进制及其运算

计算机为什么采用二进制,而不采用大家熟悉的十进制呢?

其实,很早之前的计算工具都是使用十进制的,包括算盘、机械计算器甚至第一台电子计算机 ENIAC。由于 ENIAC 需要 10 个状态来表示对应的 10 个数字,导致电路设计特别复杂,生产出来的计算设备也非常庞大。于是后面改进了设计,采用二进制。使用二进制的优点如下。

(1) 容易被物理器件实现。二进制只有两个数字符号 0 和 1,只要对应的物理器件有两个状态,就可以分别表示 0 和 1。例如,开关的两个状态——开和关;一个二极管的两个状态——导通和截止;硬盘上每一个记录点的磁化和未磁化;光盘上每个信息点的凹和凸等。

(2) 可靠性高。二进制只有 0 和 1 两个数字符号,传输处理不易出错。

(3) 运算规则简单。与十进制相比,二进制数的运算规则要简单得多,这不但可以使运算器的结构简化,而且有利于提高运算速度。

(4) 与逻辑量相吻合。计算机不仅能进行算术运算,还能进行逻辑运算。逻辑运算的基础是逻辑代数,主要是"真"(True)和"假"(False),刚好可以和二进制的 1 和 0 对应。

2.3.1　计算机中的数据单位

位(bit,b)是表示计算机数据的最小单位,也称"比特"。二进制数的 0 或 1 就是一个位(b)。如数据 $(101011)_2$ 的长度就是 6b。比特也常用来表示数据的传输率,单位是 b/s (比特每秒),意思是每秒传送多少二进制的 0 或 1,通常记为 b/s 或 bps(bit per second)。如网络带宽为 100Mb/s,指的是每秒传输 100Mb 数据。

字节(byte,B)是计算机中最基本的存储单位。计算机是以字节为单位分配存储空间的。通常用多少字节来表示存储器的存储容量,也常用多少字节来表示文件的大小。1 字节等于 8 个二进制位,即 1B=8b。

常见的字节单位转换如下。

$$1KB(Kilobyte,千字节)=1024 \ B=2^{10} \ B$$
$$1MB(Megabyte,兆字节)=1024 \ KB=2^{20} \ B$$
$$1GB(Gigabyte,吉字节)=1024 \ MB=2^{30} \ B$$
$$1TB(Terabyte,太字节)=1024 \ GB=2^{40} \ B$$
$$1PB(Petabyte,拍字节)=1024 \ TB=2^{50} \ B$$

2.3.2　二进制的算术运算

1. 加法

加法的运算规则为:逢 2 进 1。具体运算规则为:0+0=0、0+1=1、1+0=1、1+1=10;如 $(1010)_2+(1101)_2=(10111)_2$。

2. 减法

减法的运算规则为:借 1 当 2。具体运算规则为:0-0=0、1-1=0、1-0=1、10-1=1;如 $(1011)_2-(0110)_2=(0101)_2$。

3. 乘法

乘法的运算规则为:0×0=0、0×1=1、1×0=0、1×1=1。

4. 除法

除法的运算规则为:0/1=0、1/1=1。

2.3.3 二进制的逻辑运算

二进制的逻辑运算是与进位无关的运算,是用于判断和推理的一种运算,结果只能是"真"或"假",可以用 0 表示"假",1 表示"真"。基本逻辑运算包括与、或、非运算。

1. "与"运算(AND)

逻辑"与"相当于"并且"的意思,两个参与运算的对象都为"真"时,结果为"真",其他情况下结果为"假"。运算规则如下。

1 AND 0=0,1 AND 1=1,0 AND 1=0,0 AND 0=0。

2. "或"运算(OR)

逻辑"或"相当于"或者"的意思,两个参与运算的对象只要有一个为"真",结果就为"真";两个都为"假"时,结果才为"假"。运算规则如下。

1 OR 0=1,1 OR 1=1,0 OR 1=1,0 OR 0=0。

3. "非"运算(NOT)

逻辑"非"是取反的意思,原来为"真",逻辑"非"运算之后的结果为"假";原来为"假",逻辑"非"运算之后的结果为"真"。运算规则如下。

NOT 1=0,NOT 0=1。

2.4 数值在计算机中的表示

上面已经讲解了十进制数转换成二进制数的方法了,例如让计算机做 5 和 6 相加,在计算机的运算器里处理时就可以转换成 $(0101)_2+(0110)_2=(1011)_2$。那如果是 -5 和 -6 相加呢?这里的负号如何对应二进制呢?

2.4.1 整数在计算机中的表示

整数有正整数、零和负整数。为了能把负号表示成二进制,可以规定正数符号"+"对应二进制数 0,负数符号"−"对应二进制数 1。为了表示所有整数,且方便加减法运算,对有符号数的处理有 3 种不同的机器编码方法:原码、反码和补码,计算机中当前使用的是补码,原码、反码是补码的基础。

1. 原码

最高位表示符号位,正数为 0,负数为 1。计算机存储整数一般用长度为 16 位或 32 位的二进制位,若用 16 位,原码最高位为符号位,后 15 位为真值。本书的例子都用 16 位表示。

例如,100 对应的二进制数为 0000 0000 0110 0100,100 与 −100 的原码如下。

$$[+100]_{原} = 0000\ 0000\ 0110\ 0100$$
$$[-100]_{原} = 1000\ 0000\ 0110\ 0100$$

原码的表示比较直观,它的数值部分就是该数的绝对值,用对应的十进制数转换成二进制数。但是加减运算不方便,比如两数相加,需要判断符号,如果符号相同,做加法,如果符号相反,做减法。符号并没有参加运算,这样设计电路时就比较复杂。为了简化设计,实现机器内负数的符号位直接参加运算,就引入了反码和补码这两种机器数。

2. 反码

规定正数的反码等于其原码,负数的反码是将其原码除符号位外,其余部分全部按位取反。反码是为了获取补码使用的。例如,100 和 -100 的反码如下。

$$[+100]_{反} = [+100]_{原} = 0000\ 0000\ 0110\ 0100$$
$$[-100]_{原} = 1000\ 0000\ 0110\ 0100$$
$$[-100]_{反} = 1111\ 1111\ 1001\ 1011$$

3. 补码

规定正数的补码等于其原码,负数的补码等于其反码末位加 1。例如,100 和 -100 的补码如下。

$$[+100]_{补} = [+100]_{反} = [+100]_{原} = 0000\ 0000\ 0110\ 0100$$
$$[-100]_{原} = 1000\ 0000\ 0110\ 0100$$
$$[-100]_{反} = 1111\ 1111\ 1001\ 1011$$
$$[-100]_{补} = 1111\ 1111\ 1001\ 1100$$

在补码表示法中,符号位也参与运算,把加减法运算统一成加法运算。比如 100 减去 100,就是 100+(-100),变成补码运算,规则如下。

$$[100]_{补} + [-100]_{补} = 0000\ 0000\ 0110\ 0100 + 1111\ 1111\ 1001\ 1100$$
$$= 1\ 0000\ 0000\ 0000\ 0000$$

最高位 1 超出了 16 位范围,于是直接丢弃;结果是 0000 0000 0000 000。

原码、反码和补码,都是二进制形式,相互关系如下。

对正数来说,原码=反码=补码;

对负数来说,反码=原码(除符号位)按位取反,补码=反码末尾+1。

在现代计算机系统中,有符号数值的存储和计算都采用补码形式。原因在于,补码可以将符号位和数值统一处理,同时加减法也可以统一处理,把减法运算转为加法运算。此外,补码与原码相互转换,运算过程相同,不需要额外的硬件电路。

2.4.2 实数在计算机中的表示

处理数据时,除了整数,还有小数。那么小数中的小数点怎么转换成二进制呢?计算机是采用规定小数点位置的方法来处理,有两种常用的表示格式:定点数和浮点数。当前主要采用的是浮点数,它表示的精度更高,数据范围更大。

1. 定点数

定点数,就是指小数点固定在某个位置上。为了处理方便,一般分为定点纯小数和定点纯整数。定点纯小数,就是小数点固定在数的最左端。定点纯整数就是小数点固定在数的最右边,前文讲的原码、反码和补码就是定点纯整数。

一般把小数点固定在最高数据位的左边,小数点前边再设一位符号位。按此规则,任何一个小数都可以写成如下形式。

$$N = N_s N_{-1} N_{-2} N_{-3} \cdots N_{-m}, \quad N_s:\text{符号位}$$

即在计算机中用 $m+1$ 个二进制位表示一个小数,最高(最左)一个二进制位表示符号(用 0 表示正号,1 表示负号),后面的 m 个二进制位表示该小数的数值。对用 $m+1$ 个二进制位表示的小数来说,其值的范围为 $|N| \leqslant 1-2^{-m}$。

在计算机中,一般用 8 位、16 位和 32 位等表示数据,这样的定点小数表示的范围和精度都较小。

2. 浮点数

由于定点数表示范围小,精度低,因此现在通常用浮点数来表示实数。浮点数就是小数点的位置可以任意移动,其思想来源于科学记数法。

一个任意十进制实数,用科学记数法可以表示为 $M \times 10^E$,例如 $0.0000000123 = 1.23 \times 10^{-8}$。相应地,一个任意二进制数,也可以表示为 $M \times 2^E$,其中 M 代表尾数,E 代表阶码。尾数和阶码都有符号位,尾数用于表示数的有效数值,用定点纯小数表示。如下列二进制数可以表示成(指数也是二进制数):$-11011.1101 = -0.110111101 \times 2^{+101}$。

一般选择 32 位(单精度)或 64 位(双精度)二进制数表示一个浮点数。32 位浮点数的格式如图 2.1 所示。

图 2.1 浮点数各部分所占位数

2.5 文本在计算机中的表示

计算机除了能进行数据运算,还能处理大量的文本,如英文、中文、日文、韩文等等,这些文本数据又是如何变成二进制数的呢?

计算机为了区分和识别文本字符,给每个字符一个唯一的编码符号。类似学生的学号,为了能唯一识别学生,学校会给每个学生设定一个唯一编号,是人为赋给学生的。编码是信息从一种形式按照某种规则或格式转换为另一种形式的过程。一般把编码符号也简称为编码。编码在生活中随处可见,如旗语、手语、电报码、联络暗号、身份证、条形码和二维码。

编码的目的是为了便于标记特定对象。为了方便存储和查找，设计编码时一般会遵循一定的编码规则，如学号里含有专业、年级等信息。编码最大的特点是唯一性。

2.5.1 键盘上的符号

对字符进行编码的方式有很多种，其中美国标准信息交换码（American Standard Code for Information Interchange，ASCII）是目前使用最广泛的字符编码，如表 2.1 所示。

表 2.1 部分 ASCII 码表

ASCII 码	控制字符	ASCII 码	控制字符	ASCII 码	控制字符	ASCII 码	控制字符
32	（space）	56	8	80	P	104	h
33	!	57	9	81	Q	105	i
34	"	58	:	82	R	106	j
35	#	59	;	83	S	107	k
36	$	60	<	84	T	108	l
37	%	61	=	85	U	109	m
38	&	62	>	86	V	110	n
39	'	63	?	87	W	111	o
40	(	64	@	88	X	112	p
41	)	65	A	89	Y	113	q
42	*	66	B	90	Z	114	r
43	+	67	C	91	[	115	s
44	,	68	D	92	/	116	t
45	—	69	E	93	]	117	u
46	.	70	F	94	^	118	v
47	/	71	G	95	_	119	w
48	0	72	H	96	、	120	x
49	1	73	I	97	a	121	y
50	2	74	J	98	b	122	z
51	3	75	K	99	c	123	{
52	4	76	L	100	d	124	|
53	5	77	M	101	e	125	}
54	6	78	N	102	f	126	~
55	7	79	O	103	g	127	DEL

ASCII 码用 7 个二进制位表示一个字符的编码,即从 0000000 编到 1111111,共 128 种组合,可以表示 128 种不同符号。而计算机是以 1B(8b)来存储 ASCII 码表中各字符的编码信息的,在 ASCII 码表的 7 个二进制位的基础上,最高位补 0。

从键盘上敲入的各个字符,在计算机中就是以 ASCII 码里对应的编码值来存储的。例如在键盘上输入字符 A,在计算机里存储的就是二进制数 01000001。

那英文字符的显示是怎么处理的呢?ASCII 码是字符存储的形式,要显示输出,还需要字符的形状。用字模来存储字符的形状信息,需要显示时取出对应字模即可。如图 2.2 所示,字模 A 是一个 8×16 的点阵,每个点对应一个二进制数 0 或 1,背景黑色对应 0,前景白色对应 1。图 2.2 中的字模 A 对应 128b,即 16B 的数据。

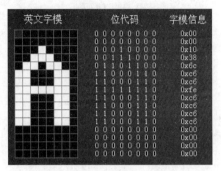

图 2.2　字母 A 的字模

2.5.2　中文字符

计算机要处理汉字,就需要对汉字也进行编码。汉字数量庞大,8 位二进制数不够表示,就用 16 位二进制数来表示。根据应用目的不同,汉字编码可分为机内码、输入码和字形码等。

1. 汉字存储码——机内码

汉字存储码主要解决的是汉字在计算机内部的存储问题。

1) 区位码

《信息交换用汉字编码字符集》是由中国国家标准总局 1980 年发布,1981 年 5 月 1 日开始实施的一套国家标准,标准号是 GB 2312—1980。GB 2312 编码适用于汉字处理、汉字通信等系统之间的信息交换。

该字符集共收入汉字 6763 个和非汉字图形字符 682 个。整个字符集分成 94 个区,每个区有 94 个位,每个区位上对应一个字符,因此可用所在的区和位来对汉字进行编码,称为区位码。每个汉字的区号和位号分别用一个字节来表示。例如汉字“大”的区号是 20,位号是 83,区位码就是 2083,用两字节二进制数来表示为 00010100 01010011。

2) 国标码

在实际应用中,由于汉字的区位码与国际上通信使用的控制码(00H～1FH)发生冲突,因此对每个汉字的区号和位号分别加上 32,这样处理后的编码称为汉字的国标码。因此,“大”的国标码就是 00110100 01110011。

3) 机内码

在日常信息处理中,文本中的汉字与西文字符经常混合在一起使用。如果汉字信息不予以特别标识,它与单字节的 ASCII 码就会混淆不清。为了解决这个问题,把一个汉字看成是两个扩展的 ASCII 码,使表示汉字的 2 字节的最高位都等于 1。这种高位为 1

的双字节(16 位)汉字编码就称为汉字的"机内码"。

例如,"大"字的机内码是 10110100 11110011。

汉字的区位码、国标码、机内码有如下关系。

(1) 国标码=区位码+2020H。

(2) 机内码=国标码+8080H=区位码+A0A0H。

(3) 汉字机内码是双字节,最高位是 1;西文字符机内码是单字节,最高位是 0。

2. 汉字输入码

由于汉字字数很多,无法使每个汉字与键盘上的键一一对应,因此必须使用一个或几个键组合来表示一个汉字,这就称为汉字的"输入码"。

好的汉字键盘输入方案的特点是易学习、易记忆、效率高(平均击键次数少)、重码少等。目前常用的输入码包括数字编码、字音编码、字形编码和形音编码。使用不同的输入编码方法向计算机输入同一个汉字,它们的机内码是相同的。

(1) 数字编码:使用一串数字来表示汉字的编码方法,如电报码、区位码等。这种编码方式简单,但难记忆,不易推广。

(2) 字音编码:基于汉字拼音的编码方法,简单易学,适合于非专业人员;但同音字引起的重码多,需增加选择操作。

(3) 字形编码:基于汉字的字形分解归类而设计的编码方法,重码少、输入速度快,但编码规则不易掌握,如五笔字型法。

(4) 形音编码:吸取字音编码和字形编码的优点,以拼音加汉字笔画的方式编码,如二笔输入法。重码少,但不易掌握。

目前还有联机手写识别、语音识别及印刷体汉字识别等输入方式。

3. 汉字显示打印——字形码

GB 2312—1980 码解决了字符信息的存储、传输、计算、处理等问题,但对字符进行显示和打印输出时,则需要对字的形状进行编码。汉字字形码又称汉字字模,用于汉字的显示或打印输出。通常将所有字形进行编码的集合称为字库,计算机中有几十种中英文字库。字形编码有点阵字形和矢量字形两种类型。

1) 点阵字形编码

汉字点阵字形是将每个字符分成 16×16(或其他分辨率)的点阵图像,用图像点的有无(一般为黑白)表示字形的轮廓,也叫字模。缺点是放大或缩小,字符边缘会出现锯齿现象。

字模点阵码就是用 0 和 1 的不同组合表征汉字字形信息的编码。16×16 点阵码为 32 字节码,24×24 点阵码为 72 字节码,例如,汉字"你"的 16×16 的字模点阵码如图 2.3 所示。

2) 矢量字形编码

矢量字形保存每个字符的数学描述信息,如笔画的起始、终止坐标、半径、弧度等。显示和打印矢量字形时,要经过一系列的运算才能输出结果。矢量字形可以无限放大,笔画轮廓仍然保持圆滑。

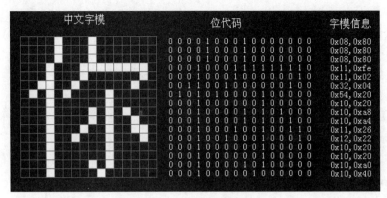

图 2.3　汉字"你"的字模

True Type 是苹果和微软公司提出的字形技术。Windows 的字库保存在 C：\Windows\fonts 目录下，如点阵字库的文件扩展名为 fon，矢量字库的文件扩展名为 tte。

2.5.3　扩展符号——Unicode 编码

对世界上的各种语言文字，如中文、英文、韩文、日文、西班牙文等，计算机处理时都会通过编码方式赋给一个二进制数。起初没有世界统一的标准，每种文字自己设计编码表，同一个二进制在不同的文字系统中对应不同的文字，每一种文字必须用正确的解码方式才可以打开识别。有时候，电子邮件中的乱码，就是发信人和收信人使用的编码方式不同造成的。不同国家的人，相互通信不方便。

为了统一全世界所有文字的编码，出现了 Unicode 编码，也称"统一码""万国码"。Unicode 标准定义了一个字符集和几种编码格式。它涵盖了几乎世界上的所有字符，可以只通过一个唯一的数字（Unicode 码）来访问和操作字符。因此，Unicode 码避免了多种编码系统的交叉使用，也避免了不同编码系统使用相同数字代表不同字符。目前，Unicode 标准已经被工业界所采用，所有最新的浏览器和许多其他产品都支持它。

在 Unicode 标准中，编码空间的整数范围是从 0 到 10FFFF（十六进制），共 1 114 112 个可用码。在 Unicode 字符编码模型中，编码格式指定如何将每个码点表示为一个或多个编码单元序列。Unicode 标准提供了 3 种不同编码格式，使用 8 位、16 位和 32 位编码单元，分别为 UTF-8、UTF-16、UTF-32。

2.6　图像在计算机中的表示

既然所有数据信息在计算机内部都是用二进制数表示的，那么，一幅图像是如何转换成二进制数的呢？这就需要对图像进行数字化处理，通常包括采样、量化和编码。

2.6.1　图像的种类

计算机中的图像是数字化后的图像,分两大类:矢量图和位图。

矢量图是计算机图形学中用点、直线、多边形等基于数学的几何图元表示的图形,如用 Python 中的 turtle 绘图。矢量图存储图像内容的轮廓部分,例如,对一个圆形图案来说,只要存储圆心的坐标位置和半径长度,以及圆形的边线和内部颜色即可。矢量图形最大的优点是无论放大、缩小或旋转等,都不会失真,如图 2.4(a)所示,且图像的存储空间小;缺点是人工图像不够逼真。矢量图比较适合用于工程图、卡通动漫、图案、标志及文字等设计。

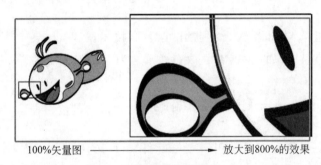

(a) 矢量图局部放大

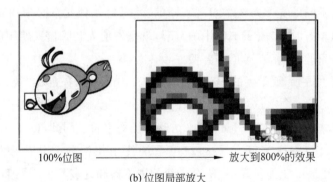

(b) 位图局部放大

图 2.4　矢量图与位图局部放大对比

位图图像,亦称为点阵图像或栅格图像,由排列成若干行、列的点组成,形成一个像点的阵列,每个点都具有特定的位置和颜色值。当放大位图时,可以看见构成整个图像的无数个小方块,如图 2.4(b)所示。这种模式比较适合复杂的图像和真实的照片,但图像在放大和缩小的过程中会失真,占用磁盘空间也大。

2.6.2　图像的数字化过程

自然界中的图像以模拟信号的形式存在,模拟信号是连续的。用摄像头、数码相机等设备摄取的图像就是信号经过数字化处理后的数字图像,也是位图图像。图像数字化是计算机图像处理之前的基本过程,目的是把真实的图像转变成计算机能够接受的存储格式。

　　日常处理的图像由数码相机或手机拍照获得,或经过扫描仪得到,都已经由硬件设备完成了数字化的全过程。图 2.5 是现实生活中连续的图像,经过数字化处理后,数据存储在计算机里。图 2.6 中 10×10 的点阵数据刚好对应图 2.5 方框里的鼻孔部分。每个数据也称为像素值。

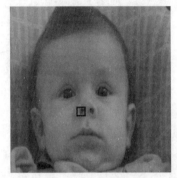

99	71	61	51	40	40	35	53	86	99
93	74	53	56	48	46	48	72	85	102
101	69	87	53	54	52	64	82	88	101
107	82	64	63	59	60	81	90	93	100
114	93	76	69	72	85	94	99	95	99
117	108	94	92	97	101	100	108	105	99
116	114	100	106	105	108	108	102	107	110
115	113	109	114	111	111	113	108	111	115
110	113	111	109	106	108	110	115	120	122
103	107	106	108	109	114	120	124	124	132

图 2.5　现实连续图像　　　　　图 2.6　图像数字化后(对应图 2.5 里的鼻孔部分)

　　图像数字化的具体过程包含采样、量化与编码几个步骤。

1. 采样

　　采样的实质就是要用多少点来描述一张图像。简单来讲,采样就是将二维空间上连续的图像在水平和垂直方向上等间距地分割成矩形网状结构,形成的微小方格称为像素点。一幅图像就是被采样成很多个像素点。

　　如图 2.7(a)所示,对原始连续图像,按水平 12 个方格、垂直 14 个方格进行采样,就变成图 2.7(b)。采样点数为 12×14＝168 个像素点。可以明显看到图 2.7(a)中有的方格里有不同颜色,图 2.7(b)中每个方格里的颜色完全相同;(a)中有光滑的曲线边缘,(b)中都是水平直线或垂直直线边缘。如果采样点数太少,就明显看到方格的效应,称为"马赛克"效应,也称"国际棋盘"效应。

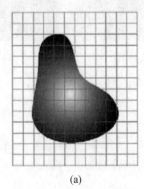

(a)　　　　　　　　　　　　(b)

图 2.7　图像采样

一般来说,采样点数多,采样间隔小,图像质量就好,存储数据量就大;采样点数少,采样间隔大,图像质量就差,严重时出现"马赛克"现象,存储数据量就小。不同采样点数的效果如图 2.8 所示。

  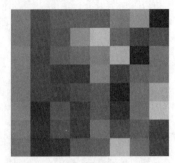

(a) 256×256 采样点数   (b) 32×32 采样点数   (c) 8×8 采样点数

图 2.8   不同采样点数的图像对比

2. 量化

量化是指要使用多大范围的数值来表示图像采样之后的每个点的值。这个数值范围包括图像上所能使用的颜色总数。例如,4 位二进制数存储一个点,就表示图像只能有 16 种颜色。量化位数越大,表示图像可以拥有更多的颜色,产生更为细致的图像效果。一般来说,量化等级多,图像颜色层次丰富,图像质量好,但存储数据量大;量化等级少,图像颜色层次少,会出现假轮廓现象,图像质量差,但存储数据量小。不同量化位数的图像质量对比如图 2.9 所示。

(a) 8 位量化 256 色   (b) 4 位量化 16 色   (c) 1 位量化 2 色

图 2.9   不同量化位数图像对比

3. 编码

经过采样、量化得到的图像数据量十分巨大,一般需要采用编码技术来压缩信息量。已有许多成熟的编码算法应用于图像压缩,如预测编码、游程编码、变换编码、分形编码等。

2.6.3 图像的基本属性

图像分辨率是指图像中存储的信息量,典型的是以像素/英寸来衡量。对相同大小的一幅图,如果组成该图的图像像素数目越多,则说明图像的分辨率越高,看起来就越逼真。

显示分辨率与图像分辨率是两个不同的概念。显示分辨率是指显示屏上能显示出的像素数目。例如,显示分辨率为 800×600,表示显示屏分成 600 行,每行显示 800 像素,整个显示屏就含有 480 000 像素点。屏幕的分辨率越高,说明显示设备能显示的内容越多。在分辨率为 800×600 的显示屏上,一张 400×300 的图像只占显示屏的 1/4;尺寸为 1920×1080 的图像就只能显示一部分了。

颜色深度是指存储每个像素信息的位数,也就是量化位数,它决定可以表示颜色的数量。当颜色深度为 1 位时,只能表示 2 种颜色,即"单色位图";当颜色深度为 4 位时,可以表 16 种颜色,即"16 色位图"。"256 色位图"的像素要用 1B 存储;"24 位位图"的每个像素有 3B,分别表示 R(red)、G(green)、B(blue)三个分量的值,也称"真彩色"。

数字图像的大小是指存储整幅图像所需的字节数,对于非压缩图像。它的计算公式是:图像数字化的数据量=图像分辨率×量化位数/8,单位是字节。如一幅 640×480 的 24 位真彩色图像,它的数据量=$640 \times 480 \times 24/3 = 921\ 600$(B),即 900KB。

2.6.4 图像格式

图像有很多不同类型的格式,以下是一些常见的图像格式。

1. BMP(Bitmap)格式

位图文件,无压缩,数据量比较大,所有图像处理软件都支持 BMP 格式。BMP 的颜色格式有黑白 2 色、16 色、256 色、真彩色几种格式。

2. GIF(Graphics Interchange Format)格式

图形交换格式,一种压缩的 8 位图像文件,数据量小,多用于网络传输。缺点是只能处理 256 色,不能用于存储真彩色图像。

3. TIFF(Tag Image File Format)格式

由 Aldus 公司和微软公司共同开发设计的图像文件格式,是位图文件,可以处理黑白、灰度、真彩色图像。

4. PNG(Portable Network Graphics)格式

PNG 是一种采用无损压缩算法的位图格式,其设计目的是试图替代 GIF 和 TIFF 文件格式。它的压缩比高,生成文件体积小。

5. JPEG(Joint Photographic Experts Group)格式

JPEG 是由联合图像专家组制定的一种适用于彩色和单色的、多灰度连续色调的静态数字图像的压缩标准。JPEG 格式是最常用的图像文件格式,扩展名为 jpg 或 jpeg。一般拍摄的照片都是 JPEG 格式。

2.7 声音在计算机中的表示

2.7.1 声音的数字化

声音是以声波的形式传播的,连续光滑的声波曲线是模拟信号,计算机处理声音首先要把模拟信号转换为数字信号,即声音信息的数字化,要经过采样、量化和编码过程。

1. 采样

采样是指在模拟音频的波形上每隔一定的间隔取一个点,单位时间内采样次数(点数)越多,数字信号就越接近原声。虽然采样点数越多越好,但是采样点数越多,需要处理、传输、存储的数据也就越多,实际处理音频数据时,则希望数据越少越好。那每秒的声音到底采样多少个点才合适呢?奈奎斯特采样定理称采样频率达到被测信号最高频率的 2 倍时,可以无失真地恢复原信号。人耳的听力范围为 20Hz~20kHz,所以采样频率为 40kHz 时即可接近原声,目前常用声卡的采样频率达到了 44.1kHz。

图 2.10 中连续曲线就是自然界的声音,是连续的,通过采样(水平方向等间隔取点),就变成离散的数据了。

2. 量化

量化是将采样点的幅度值进行离散、分类并赋值的过程,也就是给采样点赋予一个整数值。量化精度一般用二进制位数来衡量。如图 2.11 所示,如果某个采样点的实际值对应在水平轴线 6~7,量化的结果就是 6,量化会损失数据精度。

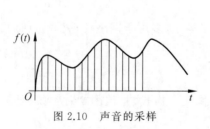

图 2.10 声音的采样

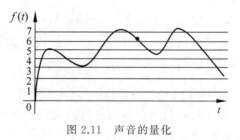

图 2.11 声音的量化

3. 编码

编码是将量化后的整数用合适的二进制数表示。编码的作用一是采用一定的格式来记录数据,二是采用一定的算法来压缩数据。经过编码后的声音信号就是数字音频信号。编码工作由声卡和音频处理软件来完成。将采集的原始数据按文件类型编码,如 WAV、MP3 等,再加上音频文件的头部,就得到了一个数字音频文件。

计算思维与 Python 编程基础(微课版)

在实际应用中,将模拟音频信号输入计算机后,由声卡转换为数字信号。播放音频时,通过播放软件将音频解压缩为数字信号,声卡将数字信号转为模拟音频信号输出。声音数字化后的音频数据都以文件的形式保存在计算机中。音频的文件格式主要有WAV、MP3、WMA 等,专业数字音乐工作者一般都使用非压缩的 WAV 格式进行操作;而普通用户更乐于接受压缩编码高、文件容量相对较小的 MP3 或 WMA 格式。

2.7.2　音频的技术指标

从声音数字化的过程可以看出,影响声音质量的主要因素如下。

1. 采样频率

采样频率越高,数字化后的声波越接近于原始的波形,也就意味着声音的保真度越高,声音的质量越好,当然需要存储的数据也越多。目前通用的采样频率有 3 个,它们分别是 11.205kHz、22.05kHz 和 44.1kHz。

2. 量化位数

量化位数越多,数据精度越高,损失的数据越少,声音还原的层次就越丰富,表现力越强,音质越好,但数据量也越大。相应地,量化位数越少,数据精度越低,损失的数据越多,声音质量也越差,数据量也越小。若声卡量化位数为 16 位,就有 $2^{16}=65\,536$ 种量化等级。当前的声卡多为 32 位量化精度。

3. 声道数

声道数是指使用的声音通道的个数,它表明声音记录只产生一个波形(单声道)还是两个波形(双声道或立体声)。立体声听起来要比单声道饱满优美,但需要两倍于单声道的存储空间。

通过对上述 3 个影响声音数字化质量因素的分析,可以得出声音数字化后每秒音频数据量的计算公式是:声音数字化后每秒数据数量=采样频率(Hz)×量化位数×声道数/8B,单位是字节。如计算 1 分钟双声道、16 位量化位数(b)、44.1kHz 采样频率的不压缩声音数据量,按上面的公式计算,数据量=60×2×16×44 100/8=10 584 000(B),约为10.5MB。

2.8　本章小结

本章主要讲述信息在计算机中的表示方式。首先介绍进位记数制包含记数制、基数、位权;然后分别介绍了计算机中常用的几种数制,即十进制、二进制、八进制和十六进制,并介绍了各种进制数的转换方法,随后介绍了计算机中的数据单位:位和字节,二进制的算术运算和逻辑运算。接着介绍了数值、文本、图像、声音在计算机中的表示方式及相应的格式和大小,具体内容如图 2.12 的思维导图所示。

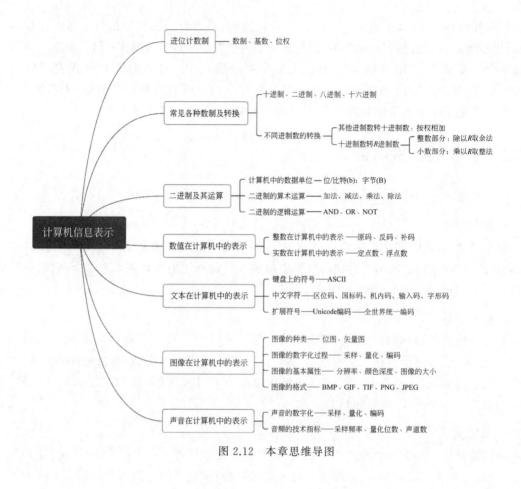

图 2.12　本章思维导图

2.9　习　　题

1. 单选题

(1) 为了避免混淆,二进制数在书写时,常在后面加字母(　　)。

A. H　　　　　　　B. O　　　　　　　C. B　　　　　　　D. D

(2) 以下 4 个数字中,最大的是(　　)。

A. $(10110)_2$　　　B. 52　　　　　　C. $(57)_8$　　　　　D. $(38)_{16}$

(3) 以下关于二进制的叙述中,错误的是(　　)。

A. 二进制数只有 0 和 1 两个数码　　　B. 二进制逢 2 进 1

C. 二进制各位上的权分别为 $0,2,4,\cdots$　　D. 二进制数由两个数字组成

(4) 与十六进制数 BC 等值的二进制数是(　　)。

A. 10111011　　　B. 10111100　　　C. 11001100　　　D. 11001011

(5) 在逻辑运算中,经常用 0 表示假,1 表示真。假设 x 为 5,则逻辑表达式 $x>1$ AND $x<10$ 的值是(　　)。

计算思维与 Python 编程基础(微课版)

A. Y   B. N   C. 1   D. 0

(6) 字母 a 的 ASCII 码值为十进制数 97,那么字母 c 的 ASCII 码值为十进制数(   )。

　　 A. 67   B. 68   C. 98   D. 99

(7) 如果图像颜色量化位数是 4,则该图像能表示的颜色数有(   )种。

　　 A. 4   B. 8   C. 16   D. 32

(8) 汉字系统的汉字字库里存放的是汉字的(   )。

　　 A. 机内码   B. 输入码   C. 字形码   D. 国标码

2. 填空题

(1) 十进制数 178 转换成二进制数是_____、八进制数是_____、十六进制数是_____。

(2) 二进制数 11101011101 转换成十进制数是_____、八进制数是_____、十六进制数是_____。

(3) 十六进制数 A9E 转换成二进制数是_____、八进制数是_____、十进制数是_____。

(4) 汉字中的区位码是 5448,则它的国标码是_____、机内码是_____。

(5) 计算机中表示信息数据的最小单位是_____。

(6) 一个 ASCII 码需要_____字节,一个汉字需要_____字节。

(7) 64×64 的点阵字库,需要_____字节空间来存放一个字模。

3. 简答题

(1) 计算机采用二进制的优点有哪些?

(2) 什么是 ASCII 码表?

(3) 汉字是如何在计算机中存储的?

(4) 图像是如何变成数字的?

第 3 章 计算机系统

通过前2章的学习,我们知道计算思维就是像计算机科学家一样去思考,了解了各种信息在计算机里是如何表示的,但仍然不了解计算机系统的内部情况。到底这么一个机器,是怎么工作的? 又是由哪些软硬件的相互配合,才能顺利完成我们指派给它的各种复杂的计算任务呢? 本章主要是探究复杂而精密的计算机是如何构成并运作的。

3.1　计算机系统概述

3.1.1　计算机的体系结构

现代计算机,虽然从性能指标、运算速度、价格等方面已经发生了很大改变,但是基本结构没有变化,都是基于图3.1所示的冯·诺依曼体系结构。该结构的核心是: 存储程序、程序控制。即将编写好的程序和原始数据输入并存储在计算机的主存储器中(即"存储程序")。计算机按照程序逐条取出指令,加以分析,并执行指令规定的操作(即"程序控制")。

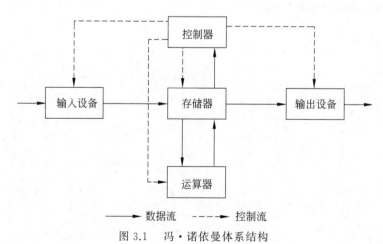

图 3.1　冯·诺依曼体系结构

冯·诺依曼体系结构有以下特点。

（1）计算机处理的数据和指令都用二进制数表示。

（2）所有指令和数据无差别混合存储在同一个存储器中。

（3）严格按照顺序执行程序的每一条指令，但可因运算结果或外界条件而改变顺序。

（4）计算机硬件由运算器、控制器、存储器、输入设备和输出设备五大部件组成。

数据在五大部件间传输需要有传输总线，总线内传输的信息可以分为数据流和控制流，如图3.1所示。图中实线为数据流，虚线为控制流。计算机输入、输出设备的数据都存储在存储器里，在运算过程中，控制器控制数据从存储器转移到运算器进行运算，运算的中间结果或最终数据结果保存于存储器中，最后由输出设备输出。控制器是发布命令的"决策机构"，完成协调和指挥整个计算机系统的操作。

下面简要介绍五大部件在计算机工作过程中的作用。

1. 运算器

运算器是整个计算机系统的运算中心，执行当前指令所规定的算术运算、逻辑运算、关系运算。它主要包括算术逻辑运算单元（Arithmetic Logic Unit，ALU）、累加器、寄存器组等。控制器控制运算器不断地从存储器中取出待加工的数据，对其进行加、减、乘、除及各种逻辑运算，并将处理后的结果送回存储器或暂时保存在存储器中。运算器与控制器共同组成了中央处理器（Central Processing Unit，CPU）的核心部分。

2. 控制器

控制器是整个计算机系统的指挥中心，控制着计算机逐条执行指令，并控制着计算机中各部件有条不紊地工作。执行程序时，控制器先从存储器中按照特定的顺序取出指令，解释该指令并取出相关的数据，然后向其他部件发出执行该指令所需要的时序控制信号，再执行指令，最后从存储器中取出下一条指令执行，依次循环，直至程序执行结束。

3. 存储器

存储器是整个计算机系统的记忆单元，主要用于存储程序和数据。也就是根据控制器命令，在指定位置存入或取出二进制信息。计算机中的存储器，按功能可分为主存储器和辅助存储器两大类。

4. 输入设备

输入设备是整个计算机系统的信息入口。它能将外部的数据、程序信息转换为计算机可以识别和处理的二进制信息形式，并且传输进计算机系统中。

5. 输出设备

输出设备是整个计算机系统的信息出口。它能将计算机处理的结果变换为用户需要的信息形式，并且输出到显示器或者其他外设上。

3.1.2　计算机系统的组成

一个完整的计算机系统由硬件系统和软件系统两部分组成,硬件就好像我们的身体,软件就如同我们的神经和思想。

硬件系统是各种物理部件的有机组合,是计算机工作的物理基础。它主要由中央处理器、存储器、主板、总线和接口、输入输出控制系统和各种外部设备组成。

软件系统是各种程序、数据和文档的集合。软件包括系统软件和应用软件两部分。其中系统软件包括操作系统、语言处理程序、数据库管理系统和系统支撑和服务程序。应用软件包括通用应用软件和定制应用软件。

硬件和软件是相互依存,缺一不可的。硬件是软件工作的平台,离开硬件,软件没有施展能力的环境;软件丰富了硬件功能,有了软件的支持,硬件功能才能得到充分的发挥。没有安装任何软件的计算机通常称为"裸机",裸机是无法工作的。

3.2　计算机的硬件系统

我们日常使用的计算机称为微型计算机系统,也称"微机"、个人计算机等。图 3.2 所示为微机的硬件结构图,通常分为主机和外设两部分。主机包括微机主板上安装的中央处理器、主存储器、总线、输入输出控制器等部件。外设包括输入设备、输出设备和辅助存储器。打开主机机箱盖板后,即可以看到主板、CPU、内存储器、电源、硬盘、光盘驱动器、显卡、网卡等一系列硬件设备。主机和外设通过系统总线进行连接,传输信息。

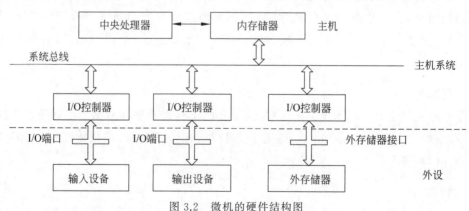

图 3.2　微机的硬件结构图

3.2.1　中央处理器

中央处理器(CPU)是由控制器和运算器组成的计算机核心部分。它负责解释指令的功能,控制各类指令的执行过程,完成各种算术和逻辑运算。中央处理器的作用很像人的大脑,其主要功能是从主存储器中取出指令,经译码后发出取数、执行、存数等控制命令,以保证正确完成程序所要求的功能。CPU 芯片一般由一片或少数几片大规模集成电路组成,又称微处理器,如图 3.3 所示。

图 3.3　CPU

1. CPU 的主要功能

(1) 指令控制:程序是一个指令序列,这些指令的顺序不能任意颠倒,必须严格按程序规定的顺序进行。

(2) 操作控制:CPU 管理并产生由主存储器取出的每条指令的操作信号,把各种操作信号送往相应部件,从而控制这些部件按指令的要求动作。

(3) 时间控制:对操作信号实施时间上的限定,严格控制时间,保证有条不紊。

(4) 数据处理:对数据进行算术运算和逻辑运算处理以及其他非数值数据(如字符、字符串)的处理。

2. CPU 的主要工作流程

(1) 取指令:按照程序规定的次序,从主存储器取出当前执行的指令,并送到控制器的指令寄存器中。

(2) 指令译码:指令寄存器中的指令经过译码,决定该指令应进行何种操作(就是指令里的操作码)、操作数在哪里(操作数的地址)。

(3) 执行指令,分两个阶段,即"取操作数"和"进行运算"。

(4) 修改指令计数器,决定下一条指令的地址。

3. CPU 的主要性能指标

CPU 是整个微机系统的核心,它的性能大致也就反映出配套微机的性能,下面仅介绍几个主要的性能指标。

1) 字长

字长是指单位时间能同时处理的二进制的位数,常见的有 32 位、64 位。字长越长,计算精度越高,处理能力越强。

2) 主频、睿频、外频、倍频

主频也就是 CPU 的时钟频率,简单地说就是 CPU 运算时的工作频率。一般说来,主频越高,一个时钟周期里面完成的指令数也越多,当然 CPU 的运算速度也就越快。各种各样 CPU 的内部结构不尽相同,所以时钟频率相同的 CPU 的性能可能不一样。

睿频是一项 CPU 自动超频技术,指当启动一个运行程序后,处理器会自动加速到合适的频率,而原来的运行速度会自动提升,以保证程序流畅运行的一种技术。该技术既提高了 CPU 日常运算的速度,又节能,目前已经在 Core i9/i7/i5 系列处理器中普遍使用。

外频就是系统总线的工作频率;而倍频则是指 CPU 外频与主频相差的倍数。三者的密切关系为:主频=外频×倍频。

3) 缓存

内部缓存,即通常所说的一级缓存(L1 cache),是与 CPU 共同封装于芯片内部的高速缓冲存储器,是为了解决 CPU 与主存储器之间速度不匹配的问题而采用的一项重要技术。

缓存的工作原理,是当 CPU 要读取一个数据时,首先从缓存中查找,如果找到,就立即读取并送给 CPU 处理;否则,用相对慢的速度从主存储器中读取并送给 CPU 处理,同时把这个数据所在的数据块调入缓存中,可以使得以后对整块数据的读取都从缓存中进行,不必再调用主存储器。当然,现在很多 CPU 上还有二级缓存(L2 cache)、三级缓存(L3 cache),其作用与一级缓存类似。

4) 核心数

CPU 的核心数是指相对独立的 CPU 核心单元组的数目。一般一个核心只能运行一个线程,现在有了超线程技术,一个核心可以处理两个线程。

目前市面上主流的 CPU 有英特尔公司旗下的赛扬(Celeron)、中端酷睿(Core)、高端至强(Xeon)和 AMD 旗下的锐龙、AMD FX、APU、速龙和闪龙系列等。

3.2.2 主存储器

主存储器又称主存、内存,用于存放指令和数据,是供中央处理器直接随机存取的存储器。所有数据必须装入主存后才能被处理器操作。主存储器价格高,容量小,但是存取速度快。

1. 主存储器的分类

主存储器由称为存储器芯片的半导体集成电路组成,一般分为 3 种类型:随机存取存储器(Random Access Memory,RAM)、只读存储器(Read-Only Memory,ROM)和高速缓冲存储器(cache)。

1) RAM

RAM 就是通常所说的内存,其内容可按地址随时进行存取(读写)。RAM 的主要特点是数据存取速度快,但是掉电后数据就会丢失,RAM 适用于临时存储数据。

RAM 分为静态随机存取存储器(Static RAM,SRAM)和动态随机存取存储器(Dynamic RAM,DRAM)。目前,微机中多采用 DRAM 作为主存储器,SRAM 多用于 CPU 中的 cache。DRAM 由若干存储单元组成,通过对每个单元的电容充电实现数据的存储。由于电容有自然放电的特征,所以 DRAM 必须定期刷新,以保存数据,为此使用 DRAM 时一定要有刷新电路。SRAM 使用触发器逻辑门的原理来存储二进制数值,只要维持供电,数据就能一直保存,不需要刷新电路。

双倍数据率同步动态随机存取存储器（Double Data Rate Synchronous Dynamic Random Access Memory，DDR SDRAM）是最常见的主存储器，习惯称为 DDR，如图 3.4 所示。市面上通用的有 DDR5、DDR4 等，数字 4 和 5 仅仅是代数，代数越高，性能也就越好，价格也就相对贵。目前，内存条常见的容量有 4GB、8GB、16GB 等不同的规格。内存条必须插在主板中相应的内存条插槽中才能使用。

图 3.4　DDR5 内存条

2）ROM

ROM 是只读存储器，对一次性写入的内容，在正常工作时只能读取，不能重新改写。如果需要更改 ROM 中的数据，就要先用紫外线照射或用电来擦除其中的数据，然后通过专门的设备重新写入新的数据。掉电后，ROM 中的数据也不会丢失。因此，基本输入输出系统（Basic Input/Output System，BIOS）被固化在只读存储器中。

ROM 中的电擦除可编程 ROM（Electrically-Erasable Programmable ROM，EEPROM）能按"位"擦写信息，但速度比较慢，容量不大。由于价格便宜，它在低端产品中用得较多。快擦除存储器（Flash ROM），又叫闪存，是 EEPROM 的改进产品，它能按字节为单位进行删除和重写，而不是擦写整个芯片，速度快，容量大。

3）cache

cache 是一种高速小容量的临时存储器，集成在 CPU 的内部，存储 CPU 即将访问的指令或数据。在计算机中，CPU 的运算速度很快，而主存储器的存取速度相对较慢。为了匹配两者的速度，在 CPU 和主存储器之间增加了 cache，从而达到高速存取指令和数据的目的。大容量的 cache 可以提高计算机的性能。

2. 主存储器的主要技术指标

1）存储容量

主存储器含有大量存储单元，每个存储单元可存放 8 位二进制信息，内存容量反映了内存存储数据的能力。常见的容量单位有 KB、MB、GB 和 TB。

存储容量越大，能处理的数据量就越大，整个系统的运算速度一般也越快。操作系统和某些大型应用软件会对主存储器的存储容量有要求。

2）内存主频

内存主频表示内存的速度，代表内存的最高工作频率。内存主频是以 MHz 为单位来计量的。内存主频越高，在一定程度上代表着内存的速度越快。

3）读/写时间

从存储器读一个字或者向存储器写入一个字所需的时间称为读/写时间。两次独立的读/写操作之间所需的最短时间称为存储周期。内存的读/写时间反映了存储器的存取速度。

3. CPU 和存储器之间的关系

CPU 和存储器之间的关系如图 3.5 所示。大量的数据和软件保存在辅助存储器中，执行程序时，在 CPU 的控制下，辅助存储器中的程序和数据先载入主存储器中，由于 CPU 的运算速度快，而内存的访问速度慢，所以在计算机系统中引入与 CPU 运算速度相匹配的高速缓冲存储器。当 CPU 要执行程序时，就在多个寄存器的配合下，从 cache 中按顺序逐条取出指令，若该条指令不在 cache 中，就通过某种策略将部分程序从主存储器中调入 cache，并将当前不用的部分程序调出 cache，CPU 再分析指令，执行指令，并自动转入下一条指令，直到程序规定的任务完成。

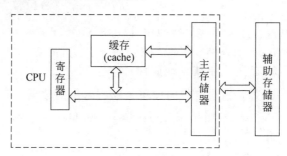

图 3.5　CPU 和存储器之间的关系

3.2.3　辅助存储器

辅助存储器即外存储器，作为主存储器的辅助设备和必要补充，可以长期存放计算机工作所需要的系统文件、应用程序、文档和数据等，它的容量大但是存取速度慢。比较常见的外存储器如下。

1. 硬盘存储器

硬盘存储器是每台微机必备的外部存储设备。硬盘存储器的主要功能部件密封于一个盒状装置内。硬盘存储容量大，存取速度较快。如图 3.6 所示，市面上常见的硬盘主要包括机械硬盘（HDD）、固态硬盘（SSD）、混合硬盘（HHD）。固态硬盘是近几年出现的一种新型硬盘，运用 Flash 芯片技术。它功耗小，重量轻，不怕摔，而且可以适应极端温度或湿度，但价格较高。

2. 移动存储器

容量大、方便携带和使用的移动存储器越来越符合用户的需求，常用的移动存储器有 U 盘、闪存卡和移动硬盘。

U 盘是一种 Flash 存储器，它通过 USB 接口与计算机连接，即插即用。

闪存卡一般用作数码相机和手机的存储器，它需要通过相同接口的读卡器与计算机相连，计算机才能进行读写。

移动硬盘通常由特制的硬盘盒构成，体积小，重量轻，存储容量大，可以达到几个太字节，数据存储安全可靠。

(a) 固态硬盘   (b) 机械硬盘

图 3.6   固态硬盘

3. 光盘存储器

光盘存储器是一种利用激光技术存储信息的装置,具有成本低、体积小、容量大、易于长期保存等优点,但是存取速度和数据传输率比硬盘低很多。

4. 云存储

云存储是一种网上在线存储模式,即把数据存放在由第三方托管的多台虚拟服务器上,而非专属的服务器上。随着数据量的增加,以及云存储存取数据的方便性,云存储应用越来越多。

3.2.4 主板

主板是微机系统中最大的一块集成电路板,微机通过主板将 CPU 等各种器件和外部设备有机地结合起来,形成完整的系统。微机正常运行时,对系统存储器设备和其他I/O 设备的操控都必须通过主板来完成。因此,微机的整体运行速度和稳定性在相当程度上取决于主板的性能。图 3.7 所示为一块主板的物理结构。主板上的主要部件包括控制 CPU 插座、内存插槽、总线扩展槽、控制芯片组、BIOS 芯片、各种外部设备接口等。

图 3.7   主板的物理结构

1. CPU 插座

CPU 插座用于连接并固定 CPU 芯片,由主板提供电源工作。不同的 CPU 需选择与之匹配的主板。

2. 内存插槽

内存插槽用于安装内存条,允许用户根据需要灵活地扩充内存容量。

3. 总线扩展槽

主板上有一系列扩展槽,用来连接显卡、声卡、网卡等。随着集成电路技术的发展和计算机设计的进步,许多扩充卡(如声卡、网卡等)的功能都可以部分或全部集成在主板上。

4. BIOS 和 CMOS

基本输入输出系统(Basic Input/Output System,BIOS)是存储在主板上的一块内存芯片(ROM 或 NvRAM)上的一组机器语言程序,包括了开机自检(Power On Self Test,POST)和硬件自检程序、操作系统启动程序、CMOS 设置程序及硬件 I/O 和中断服务等,主要是为计算机提供最底层、最直接的硬件设置和控制。

互补金属氧化物半导体(Complementary Metal Oxide Semiconductor,CMOS)是主板上一块特殊的可读写的 RAM 芯片,用于存放计算机的配置信息,包括内存容量、键盘及显示器的类型、软盘和硬盘的容量及类型,以及当前日期和时间等。CMOS 存储器具有易失性,因此需要电池供电,以保证计算机关机后不会丢失所存储的信息。

BIOS 中包含一个设置 CMOS RAM 中参数的程序,这个设置 CMOS 参数的过程习惯上被称为"BIOS 设置"或"CMOS 设置"。更准确的说法其实是通过 BIOS 设置程序对 CMOS 参数进行设置。

5. 芯片组

芯片组是微机各组成部分相互连接和通信的枢纽,由主板上两块超大规模集成电路芯片构成,即北桥芯片和南桥芯片。芯片组控制和协调整个计算机系统的正常运转,决定各个部件的选型,计算机系统的整体性能和功能在很大程度上由主板上的芯片组决定。

北桥芯片通常在主板上靠近 CPU 插座的位置,是存储控制中心,用于高速连接CPU、内存条、显卡,并与南桥芯片相互连接,起着主导性作用。南桥芯片通常在主板上靠近 PCI 总线插槽的位置,它是 I/O 控制中心,主要与 PCI 总线插槽、USB 接口、硬盘接口、音频编解码器、BIOS 和 CMOS 存储器等连接,并通过 Super I/O 芯片提供对键盘、鼠标、串行口和并行口等的控制。

需要注意的是,不同的 CPU 通常需要不同的芯片组。随着集成电路的发展,CPU 芯片的组成越来越复杂,功能越来越强大。例如,近几年广泛使用的 Core i5/i7/i9 CPU 芯片,有些已经将北桥芯片的存储器、控制器和图形处理器功能集成在 CPU 芯片之中,使用这些芯片的计算机,其主板上的北桥芯片已经消失,只需一块南桥芯片即可。

3.2.5　总线与接口

1. 总线

总线就是各种信号线的集合,是计算机各部件之间传送数据、地址和控制信息的公共通路。按功能划分,可以分为数据总线、地址总线、控制总线。常见的系统总线标准有PCI、PCI-E等。

总线的性能参数包括总线的带宽、总线的位宽、总线的工作时钟频率。其中最重要的性能参数是它的数据传输速率,也称为总线带宽,即单位时间内总线上可传输的最大数据量。总线带宽的计算公式如下。

$$总线带宽(MB/s)=(总线位宽/8)\times 总线工作频率(MHz)\times 传输次数$$

总线位宽是指总线能同时传送的二进制数据的位数,或数据总线的位数,即通常所说的 32 位、64 位等,其值越大,说明位宽越宽,总线每秒的数据传输率也越大。

总线工作频率以 MHz 为单位,工作频率越高,则总线工作速度越快,总线带宽值也就越大;传输次数是指每个时钟周期内的数据传输次数,一般为 1。

2. 接口

接口是实现 CPU 与外设设备、存储器的连接和数据交换的电路设备,前者称为 I/O 接口,后者称为存储器接口。存储器接口电路简单,在 CPU 的同步控制下工作,而 I/O 设备品种繁多,其相应的电路接口也各不相同,例如串行接口、并行接口、USB 接口、PS/2 接口等。部分常用的 I/O 接口如图 3.8 所示。在目前的品牌主板上,串行接口和并行接口已不再作为标配提供,取而代之的是性能更高的 USB 接口。USB 接口的主要优点是速度快、连接简单快捷、支持多设备连接、即插即用等,已成为个人计算机领域最受欢迎的总线接口标准之一。PS/2 接口仅能用于连接键盘和鼠标(鼠标接口用绿色标识,键盘接口用紫色标识)。

PS/2接口　　USB接口　LAN口　　音频接口

图 3.8　部分常用 I/O 接口

3.2.6 基本输入设备

输入设备是计算机与用户或其他设备通信的桥梁。它把原始数据和处理这些数据的程序输入计算机中,把待输入信息转换成能被计算机处理的数据形式的设备。常见的输入设备有键盘、鼠标、触摸屏、条形码或二维码扫描器、指纹识别器、图像扫描仪等。

1. 键盘

键盘是最常用也是最主要的输入设备。通过键盘可以将英文字母、数字、标点符号等输入计算机中,从而向计算机发出命令,输入数据等。键盘由一组按阵列方式装配在一起的按键开关组成,每按下一个键,相当于接通了相应的开关电路,该键的代码通过接口电路送入计算机中。当快速大量输入字符时,就先将这些字符的代码送往内存的键盘缓冲区,再从该缓冲区中取出,进行分析处理。键盘接口电路多采用单片微处理器,由它控制整个键盘的工作,如上电时对键盘的自检、键盘扫描、按键代码的产生、发送与主机的通信等。键盘与主机连接的接口类型主要有 PS/2、USB 两种。目前,利用蓝牙技术无线连接到计算机的无线键盘,因其方便携带和简洁的特征,也越来越受欢迎。

2. 鼠标

鼠标是控制显示屏上光标指针移动并向计算机输入用户所选中的某个操作命令或操作对象的一种常用输入设备。移动鼠标时,它把移动距离及方向的信息转换成脉冲,送到计算机中,计算机再把脉冲转换成鼠标指针的坐标数据,从而达到指示位置的目的。常用的鼠标有机械式和光电式两种。鼠标与主机连接的接口类型主要有 PS/2、USB,还有越来越受欢迎的无线鼠标。

3. 触摸屏

触摸屏是目前最简单、方便、自然的一种人机交互方式,广泛应用于便携式数字设备,如智能手机、一体机、平板设备等。触摸屏由触摸检测部件和触摸屏控制器组成。触摸检测部件安装在显示器屏幕前面,用于检测用户的触摸位置,并将其送到触摸屏控制器;而触摸屏控制器的主要作用是接收触摸信息,并将它转换成触点坐标发送出去。

4. 扫描仪

扫描仪(Scanner)是一种高精度的光电一体化产品,可以将各种形式的内容转换成图像信息输入计算机。图片、照片、胶片、各类图纸和文稿资料都可以用扫描仪输入到计算机中,进而实现对这些图像信息的处理、存储、输出等。配合文字识别软件,扫描仪还可以将扫描后的文稿转换成文本信息。目前,扫描仪已广泛应用于各类图形图像处理、出版、印刷、广告制作、办公自动化、多媒体、图文数据库、图文通信、工程图纸输入等众多领域。

3.2.7 基本输出设备

输出设备是人与计算机交互的一种部件,用于数据的输出。输出设备把各种计算结果以数字、字符、图像、声音等形式表示出来。

1. 显示器

显示器是计算机最主要的输出设备,是人与计算机交流的主要渠道。显示器有两根电缆线,一根是电源线,用于为显示器供电;另一根是信号线,与主机中的显示卡或图形加速卡相连接,用于传输主机送来的信息。目前市面上显示器的种类有:阴极射线显示器(CRT)、液晶显示器(LCD)、发光二极管显示器(LED)、等离子显示器(PDP)、电致发光显示器(EL)、真空荧光显示器(VFD)。显示器的主要性能参数有显示器的分辨率、显示器像素的颜色数目以及液晶显示器的响应时间。显示器和投影仪设备必须通过接口连接到计算机的显卡上,才能将计算机的输出信息显示或投影到屏幕上。将计算机的数字信号转换成模拟信号,让显示器显示出来,同时显卡还具有图像处理能力,可以协助 CPU 工作,提高整体的运行速度。

2. 打印机

打印机是计算机的输出设备之一,用于将计算机的处理结果打印在相关介质上。衡量打印机好坏的指标有 3 项:打印分辨率、打印速度和噪声。按照工作方式,打印机可分为点阵打印机、针式打印机、喷墨式打印机、激光打印机等。目前,彩色喷墨打印机和彩色激光打印机日趋成熟,成为主流打印机。

3D 打印技术是新型打印技术,它是一种先通过计算机建模软件建模,再将建成的三维模型分区成逐层的截面,运用特殊蜡材、粉末状金属或塑料等可黏合材料,通过逐层打印的方法来制造三维物体的技术。图 3.9 所示为一种迷你 3D 打印机,可打印工艺品。

图 3.9　迷你 3D 打印机

3.3　计算机的软件系统

计算机软件是硬件与用户之间必不可少的接口。软件给了硬件丰富的补充,使用户有了更完美的应用体验。一个完整的软件包含程序、数据和文档。程序向计算机硬件指出应如何一步一步地进行规定的操作,数据是程序处理的对象,文档是软件设计报告、操作使用说明和相关技术资料等。

3.3.1　指令和程序

计算机指令就是指挥机器工作的指示和命令。程序是由一系列指令组成的,是为解决某一问题而设计的一系列排列有序的指令的集合。

1. 指令

一条指令就是一步操作。人们用指令表达自己的意图,并交给处理器执行,控制器根据指令指挥计算机工作。通常一条指令包括两方面的内容：操作码和操作数。操作码规定计算机进行何种操作，如取数、加、减、逻辑运算等。操作数指出参与操作的数据在存储器的哪个地址中，操作的结果存放到哪个地址。整条指令以二进制编码的形式存放在存储器中。CPU得到一条指令以后，控制单元就解释这条指令，指挥其他部件完成这条指令。

2. 程序

程序就是一组排列有序的指令集合。分析问题，找出解决问题的算法，并且用计算机的指令或语句编写成可执行的程序，就称为程序设计。

3.3.2 程序设计语言

程序设计语言主要经历了机器语言、汇编语言和高级语言三个阶段。

1. 机器语言

机器语言是用二进制代码表示的计算机能直接识别和执行的一种机器指令的集合。用机器语言编写程序，编程人员需要熟记所用计算机的全部指令代码和代码的含义，需要自己处理每条指令和每一个数据的存储分配和输入输出，需要记住编程过程中每步所使用的工作单元处在何种状态。这是一件十分烦琐的工作，而且编出的程序全是0和1的指令代码，可读性差，容易出错，机器语言一般不被程序员所使用。

2. 汇编语言

为了克服机器语言难读、难编、难记和易出错的缺点，人们就用与机器指令实际含义相近的英文缩写词、字母和数字等符号来取代机器指令，这就是汇编语言。例如用ADD表示运算符号"＋"的机器代码。

汇编语言的实质与机器语言是相同的，都是直接对硬件操作，因而仍然是面向机器的语言，它的通用性差，是低级语言，同样需要编程人员将每一步的具体操作用命令的形式写出来。因此，汇编语言是冗长、复杂、容易出错的，但是它能直接面向硬件具体操作，汇编生成的可执行文件比较小，并且执行速度很快，有着高级语言不可替代的用途。

3. 高级语言

随着计算机技术的发展，人们发明了一种与自然语言相近的计算机语言，称为高级语言。与汇编语言相比，高级语言不但将许多相关的机器指令合成为单条指令，并且去掉了与具体操作有关但与完成工作无关的细节，如使用堆栈、寄存器等，从而大大简化了程序中的指令。它具有语意确定、规则明确、自然直观和通用易学的优点。

计算机要执行高级语言编写的程序，就需要一个"翻译"的过程。即把高级语言编写的程序（源程序）"翻译"成机器语言程序（目标程序）。一般采用两种翻译方式，一是编译方式，二是解释方式。

编译方式：通过编译程序来翻译。即将编译程序存放在计算机内，当用户将源程序输入计算机后，编译程序先把源程序整体翻译成目标程序，然后计算机再执行该目标程序。

解释方式：源程序进入计算机时，逐句输入，逐句翻译，计算机一句句执行，期间并不产生目标程序。

高级语言包含了许多形式，这些语言的语法、命令格式各不相同。目前，主流的高级语言有 C、Java、C++、C♯等。而随着近年来人工智能的火热发展，Python 语言也逐渐成为时代的主流编程语言。

3.3.3 计算机软件的分类

计算机软件一般分为系统软件和应用软件两大类，如图 3.10 所示。

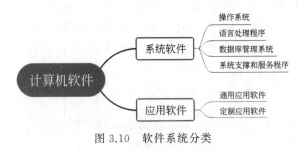

图 3.10　软件系统分类

1. 系统软件

系统软件负责管理计算机系统中各种硬件，使得它们可以协调工作。系统软件使得计算机使用者和其他软件将计算机当作一个整体，而不需要顾及底层每个硬件是如何工作的。系统软件一般包括操作系统、语言处理程序、数据库管理系统、系统支撑和服务程序，它与硬件系统有很强的交互性，能对硬件共享资源进行调度。常见的系统软件有Windows 操作系统、UNIX 操作系统、C 语言编译器、SQL 数据库管理系统等。

操作系统是用于管理和控制计算机软硬件资源的系统软件，是软件系统的核心，任何计算机系统都必须装有操作系统，才能构成完整的运行平台。语言处理程序是将汇编语言或高级语言编写的程序转换成机器语言程序的翻译程序。数据库管理系统是管理和控制数据库的软件。系统支撑和服务程序实现存储器格式化、文件系统管理、用户身份验证、驱动管理、网络连接等。

2. 应用软件

应用软件是用于解决各种具体应用问题的软件。按照开发方式和使用范围的不同，应用软件可以分成两类，即通用应用软件和定制应用软件。

通用应用软件是应用于许多行业和部门的应用软件，如 Office 软件、辅助设计软件AutoCAD、游戏软件、网络服务软件等。这类软件的特点是通用性强、应用范围广。

定制应用软件是针对具体问题专门设计开发的软件，满足用户的特定需求，如 12306订票系统、某企业的客户管理系统等。这类软件专业性强，运行效率高，成本较高。

3.4 计算机的操作系统

3.4.1 操作系统的定义

图 3.11 所示为计算机的层次结构。计算机系统自上而下可大致分为硬件层、操作系统层、系统层、应用层、用户层。操作系统层对内是管理和控制各种软硬件资源,对其进行合理调度和分配,对外是为用户提供各种方便、有效的服务界面。操作系统是最基本、最重要的系统软件,任何其他软件都必须在操作系统的支持下才能运行。因此,操作系统可以定义为:操作系统是指控制和管理整个计算机系统的硬件与软件资源,合理地组织、调度计算机的工作与资源的分配,进而为用户和其他软件提供方便接口与环境的程序集合。

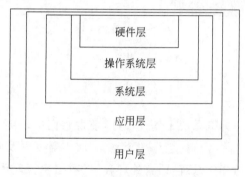

图 3.11　计算机的层次结构

操作系统一般由以下 4 部分组成。

(1)驱动程序:最底层的、直接控制和监视各类硬件的部分。它们的职责是隐藏硬件的具体细节,并向其他部分提供一个抽象的、通用的接口。

(2)内核:操作系统的内核部分通常运行在最高特权级,负责提供基础性、结构性的功能。

(3)接口库:是一系列特殊的程序库。它们的职责在于把系统所提供的基本服务包装成编程接口(API)。这是最靠近应用程序的部分。

(4)外围:用于提供特定高级服务的部件。

计算机启动后,总是先把操作系统调入内存,然后才能运行其他软件。开机正常后,用户看到的是已经加载好操作系统的界面,不需要了解硬件的结构和特性,只要会使用软件进行各种操作即可。

3.4.2 操作系统的功能

操作系统的功能包括 4 个方面,即处理器管理、存储管理、设备管理、文件管理。

1. 处理器管理

处理器管理负责控制程序的执行,实质上就是为每个任务合理地分配 CPU。为提高资源利用率,允许多道相互独立的程序在系统中同时运行。处理器的分配和运行都是以进程为基本单位的,对处理器的管理可以理解为对进程的管理。

进程与程序不是相同的概念,它们既有区别又有联系。进程是一个动态的概念,是"活动的",它有产生、运行、消亡的过程。程序是一个静态的概念,是指令和数据的集合,作为一种文件长期存放在辅助存储器中。进程与程序不是一一对应的,一个程序可以对应一个进程,也可以对应多个进程。反之,一个进程可以对应一个程序,或对应一个程序的某一部分。

进程在生命周期内,由于受到资源的制约,其执行是间歇性的,因此进程的状态也是不断变化的。一般来说,进程有三种基本状态:就绪态、运行态和等待态(也称为"挂起状态"或"阻塞状态")。在运行期间,进程不断地从一个状态转换到另一个状态,三种基本状态之间的转换关系如图 3.12 所示。处于就绪状态的进程,在调度程序为其分配了 CPU 资源后,立即转换为运行态。正在执行的进程用完分配的 CPU 时间片后,暂停执行,立即转换为就绪状态。处于运行态的进程因运行所需资源不足,执行受阻时,则转换为等待状态。当处于等待态的进程获得了运行所需资源时,又由等待态转换为就绪态。

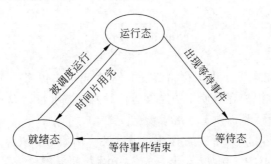

图 3.12 进程的基本状态转换示意图

在 Windows 中,用户可以使用任务管理器查看正在运行的任务以及进程的相关信息,如图 3.13 所示。一个进程可以有多个线程,它们共享许多资源。传统的进程可以看成是只有一个线程在执行的进程。在 Windows 中,线程是 CPU 的分配单位。

2. 存储管理

存储管理负责给运行的每个程序分配内存空间,并在程序结束后及时回收内存,以便给其他程序使用。主要包括以下 4 方面内容。

(1) 内存分配是为每道程序分配足够运行的内存空间,并且提高存储器的利用率。

(2) 内存保护就是在计算机运行过程中保证各道程序都能在自己的内存空间运行而互不干扰。

(3) 地址映射就是操作系统把程序地址空间中的逻辑地址转换为内存空间对应的物理地址。显然,地址映射功能使用户不必关心物理存储空间的分配细节,从而为用户提供了方便。

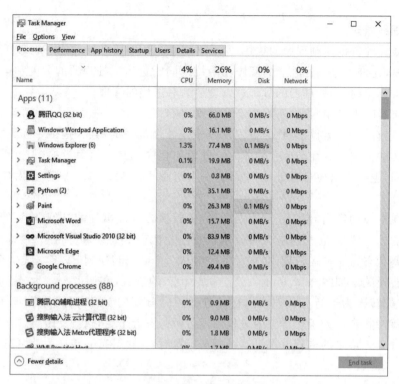

图 3.13　任务管理器

　　（4）内存扩充就是借助于虚拟存储器技术，从逻辑上去扩充内存容量（使用一部分硬盘空间模拟内存，即虚拟内存），使系统能够运行对内存需求量远大于物理内存的程序，或让更多的程序并发执行，从而改善系统效能。

　　虚拟内存的最大容量与 CPU 的寻址能力有关。例如，CPU 的地址线是 32 位，则虚拟内存空间可以达到 4GB。例如，在 Windows 10 中，如果需要调整虚拟内存的大小，可选择"计算机"→"属性"→"高级系统设置"→"系统属性"→"高级"→"性能"→"设置"命令，在弹出的"性能选项"对话框中选择"高级"选项卡，最后在其中的虚拟内存选项下选择"更改"命令，打开虚拟内存对话框，如图 3.14 所示，在此对话框中设置虚拟内存的大小。

3. 设备管理

　　设备管理负责控制管理各种外围设备，使用户方便、灵活地使用设备，主要包含以下功能。

　　（1）设备分配：需要根据 I/O 请求和一定的设备分配原则为用户分配外围设备，提高外设的利用率。

　　（2）设备传输控制：实现物理的输入输出操作，即启动设备、中断处理、结束处理等。

　　（3）设备独立性：即设备无关性，由操作系统把用户程序中使用的逻辑设备映射到物理设备上，用户编写的程序与实际使用的物理设备无关。

　　（4）缓冲区管理：缓冲区管理的目的是解决 CPU 与 I/O 设备之间速度不匹配的矛盾。使用缓冲区可以提高外设与 CPU 之间的并行性，从而提高整个系统的性能。

　　（5）设备驱动：操作系统依据设备驱动程序来实现 CPU 与通道、外设之间的通信。

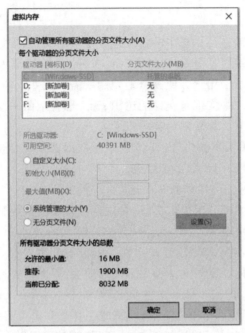

图 3.14 "虚拟内存"对话框

设备驱动程序直接与硬件设备打交道,告诉系统如何与设备通信,完成具体的输入输出任务。对操作系统中并未配备驱动程序的硬件设备,必须手动安装设备驱动程序。

在 Windows 10 中打开图 3.15 所示的"设备管理器"窗口,可以查看和更改该台计算机系统上的设备属性,更新设备驱动程序,配置设备和卸载设备。

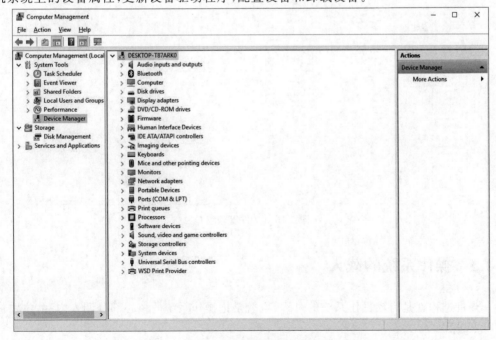

图 3.15 "设备管理器"窗口

4. 文件管理

文件管理负责对存放在计算机中的信息进行逻辑组织,维护目录结构,并对文件进行各种操作。文件管理的主要任务是有效地支持文件的存储、检索和修改等操作,解决文件的共享、保密和保护问题,使用户方便安全地使用所需的文件。

文件系统是操作系统中实现对文件的组织、管理和存取的一组系统程序,或者说它是管理文件资源的软件。与文件管理相关的概念如下。

(1) 文件:一组相关信息的集合,任何程序和数据都以文件的形式存放在计算机的辅助存储器上,文件是数据组织的最小单位。

(2) 文件名:任何一个文件都有一个名称,文件的操作依据文件名进行。文件名一般由文件主名和扩展名两部分组成,文件主名往往是代表文件内容的标志,扩展名表示文件的类型。

(3) 文件夹:其图标像一本书,打开文件夹就像翻开书一样,里边的内容一目了然,非常直观。文件夹和不同类型的文件采用不同的图标,因而很容易区分。

(4) 路径:由目录文件和非目录文件组成,从树根到任何一个结点有且只有一条路径,该路径的全部结点组成一个全路径名,用来唯一标志和定位某一特定文件。

在 Windows 10 中,用户可以通过图 3.16 所示的"计算机"或"资源管理器"窗口进行文件管理,如浏览文件、文件夹和其他系统资源,新建文件夹,对文件和文件夹进行复制、移动、删除、重命名等操作。

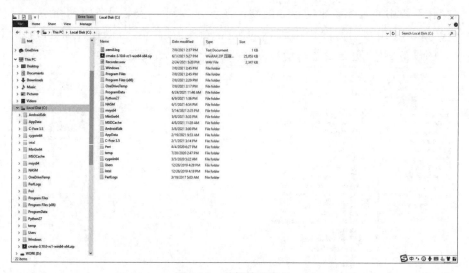

图 3.16　文件管理窗口

3.4.3　操作系统的载入

开机过程就是启动操作系统的过程,也就是把操作系统的核心部分调入内存,主要包括以下过程。

(1) 计算机接通电源,按下启动开关,电源给主板及其他设备发出电信号。

（2）电脉冲使处理器芯片复位，并查找含有 BIOS 的 ROM 芯片。

（3）BIOS 执行加电自检，检测各种系统部件，如总线、系统时钟、扩展卡、RAM 芯片、键盘及驱动器等，确保硬件连接正常，显示器会同步显示检测到的系统信息。

（4）系统自动将自检结果与主板上 CMOS 芯片中的数据进行比较。自检时还要检测所有连接到计算机的新设备。如果发现了问题，计算机可能会发出长短不一的提示声音，显示器会显示出错信息。如果问题严重，计算机还可能停止操作。

（5）如果加电自检成功，BIOS 就会到辅助存储器中查找一些专门的系统文件（分区引导程序），找到后，这些系统文件就被调入主存储器并执行。接下来，由这些系统文件把操作系统的核心部分导入主存储器。这样操作系统就接管、控制了计算机，并把操作系统的其他部分调入计算机。

（6）操作系统将系统配置信息从注册表调入内存。在 Windows 系统中，注册表由几个包含系统配置信息的文件组成。

操作系统完成以上工作后，显示器上就会出现 Windows 的桌面和图标，接着操作系统自动执行"开始"→"所有程序"→"启动"子菜单中的程序。此时，计算机启动完毕，用户就可以开始使用计算机了。

3.4.4 操作系统的分类

随着计算机技术的迅速发展和计算机的广泛应用，用户对操作系统的功能、应用环境、使用方式不断提出了新的要求，逐步产生了不同类型的操作系统。图 3.17 所示为操作系统的分类。

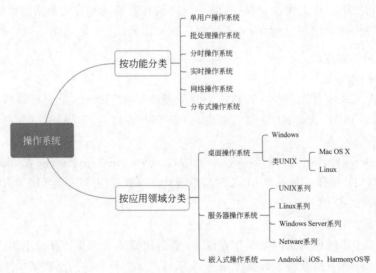

图 3.17 操作系统分类

1. 按功能划分

1）单用户操作系统

计算机系统在单用户、单任务操作系统的控制下，只能串行地执行用户程序，个人独占计算机的全部资源,CPU 运行效率低。早期的 DOS 操作系统属于单用户、单任务操作系统。

现在大多数的个人计算机操作系统是单用户、多任务操作系统,允许多个程序或多个作业同时存在和运行。在常用的操作系统中,Windows XP 是 32 位单用户多任务操作系统。

2) 批处理操作系统

批处理操作系统是以作业为处理对象,连续处理在计算机系统中运行的作业流。这类操作系统的特点是作业的运行完全由系统自动控制,系统的吞吐量大,资源的利用率高。

3) 分时操作系统

分时操作系统使多个用户同时在各自的终端上联机地使用同一台计算机,CPU 按优先级分配各个终端的时间片,轮流为各个终端服务,用户有"独占"这一台计算机的感觉。分时操作系统侧重于及时性和交互性,用户的请求尽量能在较短的时间内得到响应。早期的大型机操作系统都是这种架构的分时系统,IBM 公司的 OS/360 系统。

4) 实时操作系统

实时操作系统是在限定时间范围内对随机发生的外部事件做出响应的系统。外部事件一般来自与计算机系统相联系的设备的服务要求和数据采集。实时操作系统广泛用于工业生产过程的控制和事务数据处理中,常用的系统有 μC/OS-II、VxWorks 等。

5) 网络操作系统

为计算机网络配置的操作系统称为网络操作系统。它负责网络管理、网络通信、资源共享和系统安全等工作。常用的网络操作系统有 Novell 公司的 NetWare 和微软公司的 Windows NT 等。

6) 分布式操作系统

分布式操作系统是用于分布式计算机系统的操作系统。分布式计算机系统是由多个并行工作的处理机组成的系统,提供高度并行性和有效的同步算法和通信机制,自动实行全系统范围的任务分配,并自动调节各处理机的工作负载。

2. 按应用领域划分

1) 桌面操作系统

桌面操作系统主要用于个人计算机上。从硬件架构上来说,个人计算机市场主要分为两大阵营,即 PC 与 Mac;从软件上来说,主要分为两大类,即 Windows 操作系统和类 UNIX 操作系统。

(1) Windows 操作系统:有 Windows XP、Windows ME、Windows 8、Windows 10 等。

(2) 类 UNIX 操作系统:有 MacOS X 以及 Linux 的各种发行版(如 RedHat、Debian、Ubuntu、openSUSE 和 Fedora 等)。

2) 服务器操作系统

服务器操作系统也称为网络操作系统,一般是指安装在大型计算机上的操作系统,例如 Web 服务器、应用服务器和数据库服务器等,是企业 IT 系统的基础架构平台。服务器操作系统主要有以下 4 大流派。

(1) UNIX 系列:有 FreeBSD、SUN Solaris、IBM AIX、HP-UX 等等。

(2) Linux 系列:有 GNU/Linux、RedHat Linux、Debian、Ubuntu 等等。

(3) Windows 系列:有 Windows NT、Windows Server 2003、Windows Server 2008、

Windows Server 2019 等。

（4）Netware 系列：有 Novell 3.11/3.12/4.10/5.0 等中英文版。

3）嵌入式操作系统

嵌入式系统是一种"完全嵌入受控器件内部，为特定应用而设计的专用计算机系统"。嵌入式系统由硬件和软件组成。硬件包括信号处理器、存储器、通信模块（输入输出接口）等，软件包括操作系统、中间件和应用程序。嵌入式系统广泛地应用在生活、生产的各个方面，从便携式设备到大型固定设施，如手机、平板电脑、数码相机、家用电器、医疗设备、交通灯、航空电子设备和工厂控制设备等。嵌入式操作系统（Embedded Operating System，EOS）负责嵌入式系统的全部软件、硬件资源的分配，任务调度，控制、协调系统的活动，它必须体现其所在系统的特征，能够通过装卸某些模块来达到系统所要求的功能。

在智能手机或平板电脑等消费电子产品中使用的嵌入式操作系统有 Android、iOS、Symbian、Windows Phone、BlackBerry OS，以及华为公司的鸿蒙系统（HarmonyOS）。

3.5 本 章 小 结

本章介绍了计算机系统的体系结构、组成部分，并且从硬件系统和软件系统两方面详细介绍了计算机各部分的功能以及市面常见的对应功能的零部件，还详细介绍了大管家——操作系统的功能、载入以及常用操作系统的分类。思维导图如图 3.18 所示。

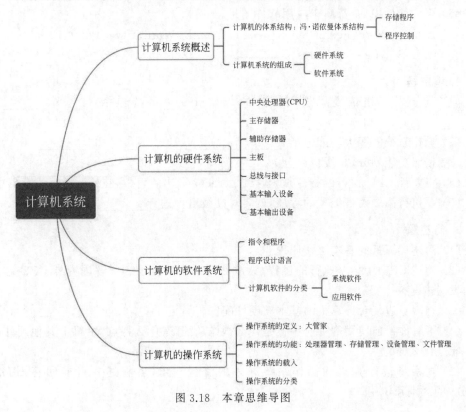

图 3.18　本章思维导图

3.6 习　　题

1. 单选题

(1) 在计算机中,运算器的主要功能是(　　)。

　　A. 算术运算　　　　B. 逻辑运算　　　　C. 关系运算　　　　D. 以上都是

(2) CPU 与 cache 之间的数据交换是以字为单位的,而 cache 与主存储器之间的数据交换的单位为(　　)。

　　A. byte　　　　　　B. 块　　　　　　　C. byte 和 bit　　　D. bit

(3) 辅助存储器的特点是(　　)。

　　A. 存储容量大、可靠性高、每字节价格低

　　B. 存储容量大

　　C. 存储容量大、可靠性高、每字节价格低,可以长时间保存而不丢失

　　D. 可靠性高

(4) 在 PC 上通过键盘输入一段文章时,该段文章首先存放在主机的(　　)中,如果希望长期保存这段文章,应以(　　)形式存储于(　　)中。

　　A. 内存、字符、硬盘　　　　　　　　　B. 内存、文件、硬盘

　　C. 键盘、文字、打印机　　　　　　　　D. 硬盘、数据、内存

(5) 下列软件中,全都属于应用软件的是(　　)。

　　A. iOS、Word、PowerPoint　　　　　　B. Word、PowerPoint、Excel

　　C. iOS、Windows、Linux　　　　　　　D. Linux、Excel、SQL

2. 填空题

(1) 基于冯·诺依曼思想而设计的计算机硬件系统包括 _____、_____、_____、_____ 和 _____。

(2) 操作系统的四大功能包括 _____、_____、_____ 和 _____。

(3) 按照功能划分,总线可以分为 _____、_____ 和 _____。

(4) 将要被 CPU 执行的指令从内存或者 cache 取出后,保存在 _____ 寄存器中。

(5) 要执行高级语言编写的程序,就要对高级语言进行 _____ 和 _____。

3. 简答题

(1) 简述计算机的基本工作原理。

(2) 简述 CPU 中指令执行的过程,尝试着简单绘图表示。了解国内外 CPU 芯片市场的发展情况。

(3) 查阅身边某台计算机的基本软硬件配置。

(4) 了解你目前使用的智能手机是什么操作系统,有什么特点,手机上其他硬件部分的性能是什么样的。

(5) 观察身边计算机的操作系统载入的流程,尝试着叙述并且能回答 BIOS 和 CMOS 的区别和作用。

第 4 章 计算机网络

计算机网络自 20 世纪 60 年代末诞生以来,就以异常迅猛的速度发展起来,被越来越广泛地应用于政治、军事、生产以及科学技术等多个领域。现在,计算机网络已经形成了覆盖全球的巨大网络,它把世界变小了,使地球上人们的交流更加方便、快捷,具有划时代意义的网络时代已经到来。本章详细讲解计算机网络的基础知识。

4.1 计算机网络基础

在信息社会,计算机网络深刻影响着人们的工作和生活方式。例如,人们可以通过网络订购火车票、飞机票,购买各种各样的商品,了解最新的信息,通过电子邮件进行沟通和交流。那么,计算机网络是怎么产生的? 究竟什么是计算机网络? 计算机网络又有什么作用呢?

4.1.1 计算机网络的形成和发展

计算机网络是以资源共享的方式相互连接的若干自主计算机的集合,其主要的目的是让人们不受时间和地域的限制,实现资源的共享。计算机网络的发展大致可以分为以下几个阶段。

1. 初级阶段:主机-终端联机系统

"主机-终端"联机系统是计算机网络的雏形,它是由多台终端设备通过通信线路连接到一台中央计算机上而构成。终端可以共享中央计算机的资源,用户在终端上输入程序,通过通信线路送入中心计算机处理,运算结果再通过通信线路送回到用户的终端上显示,这种"主机-终端"的计算机网络系统中并不存在各计算机间的资源共享或信息交流。例如,20 世纪 50 年代末出现的美国半自动防空系统(SAGE),使用总长度约 240 万千米的通信线路连接 1000 多台终端,实现了远程集中控制。

2. 发展阶段:计算机-计算机联机系统

"计算机-计算机"联机系统是以多处理中心为特点的真正的计算机网络。这些计算机通过通信线路互联起来,计算机之间不但可以彼此通信,还可以实现资源共享。多台计算机都具有自主处理能力,它们之间不存在主从关系。

成功的典型案例就是美国的 ARPA(Advanced Research Project Agency)在 1969 年建成的 ARPANET。该网络最初只连接了 4 台主机,分布在 4 所高校,并首次采用了分组交换技术进行数据传递,ARPANET 在网络的概念、结构、实现和设计方面奠定了计算机网络的基础,也标志着计算机网络的发展即将进入成熟阶段。

3. 成熟阶段:计算机网络互联系统

随着局域网的发展及微型计算机的广泛运用,人们自然想到,如果把这些分散的局域网连接起来,就可以使人们在更大范围内实现资源共享,通常把这种网络之间的连接称作"网络互联"(Internet Working)。

1997 年,国际标准化组织(ISO)为适应网络标准化的发展趋势,在研究与分析已有网络结构经验的基础上,开始研究"开放系统互联"(Open System Internet-connection,OSI)问题,ISO 于 1984 年公布了"开放系统互联基本参考模型"的正式文件,对推动计算机网络理论与技术的发展,对统一网络体系结构和协议,并实现不同网络之间的互联起到了积极的作用。

进入 20 世纪 90 年代,随着计算机网络技术的迅猛发展,特别是 1993 年美国宣布建立国家信息基础设施(National Information Infrastructure,NII)后,全世界许多国家都纷纷制定和建立本国的 NII,从而极大地推动了计算机网络技术的发展。

目前,全球以 Internet 为核心的高速计算机互联网络已形成,Internet 已经成为人类最重要、最大的知识宝库。

4.1.2 计算机网络的定义和功能

计算机网络是指将一群具有独立功能的计算机,通过通信设备以及传输介质互联起来,在通信软件的支持下,实现计算机间资源共享、信息交换的系统。计算机网络的功能主要体现在信息交换、资源共享、分布式处理和提高计算机系统的可靠性 4 个方面,如图 4.1 所示。

1. 信息交换

信息交换即数据传送,是计算机网络的基本功能之一。它实现了计算机与终端或计算机与计算机之间传送各种信息的功能,如收发电子邮件(E-mail)、文件传输(FTP)、远程登录(Telnet)等。利用这一功能,分散在不同部门、不同单位,甚至不同省份、不同国家的计算机之间可以进行通信,互相传送数据,方便地进行信息交换,有利于进行集中的控制和管理,提高计算机系统的整体性能,也方便人们的工作和生活。

2. 资源共享

资源共享是指网上用户能够部分或全部地使用计算机网络资源,使计算机网络中不同地理位置的资源互通有无,分工协作,从而大大提高计算机系统资源的利用率。充分共享和利用资源是组建计算机网络的基本目的,有了计算机网络,就可以共享一些昂贵的硬件资源,如高速打印机、大容量存储器,也可以共享软件和数据资源。

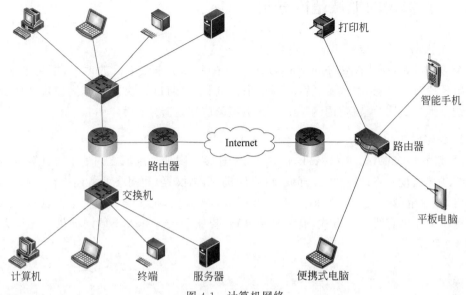

图 4.1 计算机网络

3. 分布式处理

分布式处理是通过算法把一项复杂的任务划分成许多子任务,将各子任务分散到网络中比较空闲的计算机上处理,然后再将处理结果进行整合。分布式处理可以充分利用网络资源,均衡计算机的负载,从而提高系统的处理能力。例如,人们利用计算机网络,可以将一个大型复杂的计算机问题分配给网络中的多台计算机,由多个计算机分工协作完成,此时的网络就像一个具有高性能的大中型计算机,这种协同工作、并行处理要比单独购置高性能的大型计算机便宜得多。

4. 提高计算机系统的可靠性

当一台计算机出现故障无法工作时,可以调度网络中另一台计算机接替它来完成处理任务。当计算机网络中某一台计算机负载过重时,计算机网络能够进行智能判断,并将新的任务转交给计算机网络中比较空闲的计算机去完成,从而使整个网络中的计算机负载比较均衡。相比单机系统,整个系统的可靠性大为提高。

4.2 计算机网络的分类

计算机网络有多种不同的类型,分类方法也很多,按使用的传输介质,可以分为有线网和无线网;按网络的使用性质,可分为公用网和专用网;按网络所覆盖的地域范围,可以分为个人网、局域网、城域网和广域网;按照网络的拓扑结构,可以分为总线型、星型、环型、树型和网状型 5 种。

4.2.1　按覆盖的地域范围分类

1. 个人网

个人网(Personal Area Network,PAN)是在个人工作或生活的地方,把属于个人使用的电子设备(如笔记本电脑、智能手机、平板电脑等)通过无线技术连接起来,因此也称为无线个人局域网,覆盖范围约10m。其典型的应用是蓝牙技术。

2. 局域网

局域网(Local Area Network,LAN)用于连接有限地理区域之内的个人计算机,是通过有线或无线技术将计算机,外部设备(打印机、扫描仪等)和网络设备连接在一起而形成的网络,覆盖范围一般小于10km。图4.2所示为校园网,很多学校为笔记本电脑、台式机连入局域网提供有线连入方式,而为平板电脑、智能手机等连入局域网提供了无线方式,如图4.2所示。

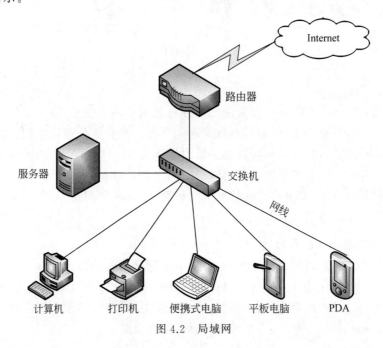

图4.2　局域网

3. 城域网

城域网(Metropolitan Area Network,MAN)是指城市地区网络,可以说是一种大型的局域网,技术与局域网相似,通常覆盖一个地区或城市,覆盖范围为10~100km。它借助一些专用网络互联设备连接到一起,即使没有连入局域网的计算机,也可以直接接入城域网,从而访问网络中的资源。城域网作为本地公共信息服务平台的重要组成部分,能够满足本地政府机构、金融、学校、企事业单位等对高速率、高质量数据通信业务日益多元化的需求。

4. 广域网

广域网(Wide Area Network,WAN)又称为远程网,是一个非常大的网络,能跨越大陆海洋,覆盖一个国家、地区或横跨几个洲,甚至形成全球性的网络。Internet 就是广域网中的一种,广域网的组成已非个人或团体行为,而是一种跨地区、跨部门、跨行业、跨国家的社会行为。

覆盖范围较大的网络通常通过连通许多小型的网络而形成,如城域网通常通过连接政府局域网、医院局域网、公司局域网、学校局域网等形成,如图 4.3 所示。

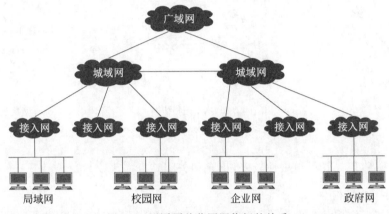

图 4.3　不同覆盖范围网络间的关系

4.2.2　按拓扑结构分类

1. 总线型拓扑结构

总线型拓扑结构采用一根传输总线作为传输介质,各个结点都通过网络连接器连接到总线上,通信时信息沿总线广播式传送,如图 4.4(a)所示。总线拓扑结构连接形式简单,易于安装,成本低,增加和撤销网络设备都比较灵活,没有关键的结点。缺点是同一时刻只能有两个网络结点相互通信,网络延伸距离有限,网络容纳结点数有限。

2. 星型拓扑结构

星型拓扑结构是总线型结构后兴起的网络结构,它是由一个结点作为中心结点,其他结点直接与中心结点相连成的网络,如图 4.4(b)所示。这种结构的优点是采用集中式控制,连接方便,故障容易诊断,若有一个结点出现故障,不会影响整个网络的运行;缺点是对中心结点依赖性较高,中心结点的故障将导致整个网络的瘫痪。

3. 环型拓扑结构

环型拓扑结构将各个结点通过通信介质连成一个封闭的环形,每个结点只能和相邻的一个或两个结点直接通信,如图 4.4(c)所示。环型结构有单环和双环两种,单环结构中的数据只能沿着一个方向发送,双环结构中的数据则可以在两个方向上传输,如果一个方向的环出现了故障,数据还可以在相反方向的环中传输。这种结构的优点是实时性较

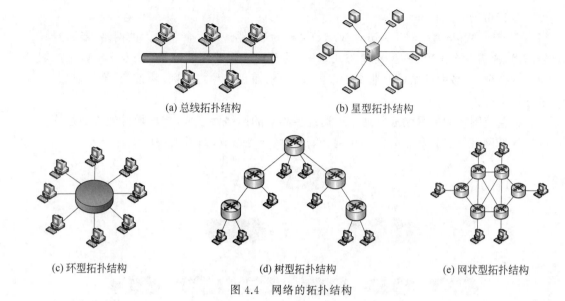

(a) 总线拓扑结构　　　　　　　　(b) 星型拓扑结构

(c) 环型拓扑结构　　　　　(d) 树型拓扑结构　　　　　(e) 网状型拓扑结构

图 4.4　网络的拓扑结构

好,传输效率高,但是其可扩展性较差,扩充和关闭结点都比较复杂。

4. 树型拓扑结构

由星型拓扑结构演变而来,形状像是一棵倒立的树,只有一个根结点,结构中的任何两个结点都不能形成回路,如图 4.4(d)所示。这种结构对根结点的要求比较高,一旦根结点出现故障,会导致整个网络瘫痪。树形结构扩大了网络的覆盖区域,具有组网灵活,成本低,扩充方便等优点,目前较大规模的局域网多采用这种结构。

5. 网状型拓扑结构

指每个结点至少与其他两个结点相连,形成不规则的相连,如图 4.4(e)所示。网状拓扑结构结点间路径多,局部故障不会影响整个网络的正常工作,所以网络的容错能力强,缺点是网络协议复杂,网络控制机制复杂,组网成本高。

4.3　网　络　设　备

4.3.1　传输介质

网络传输介质用于连接网络中的各种设备,是数据传输的通路,网络中常用的传输介质分为有线传输介质和无线传输介质。

1. 有线传输介质

双绞线是目前网络中最常用的传输介质,采用一对相互绝缘的金属导线相互绞合的方式抵御一部分外界的电磁干扰,既可以传输模拟信号,也可以传输数字信号,如图 4.5所示。

图 4.5   双绞线

同轴电缆以单根铜导线为内芯,外裹一层绝缘材料,外面再覆盖金属屏蔽层,最外面是一层保护套。金属屏蔽层能将磁场反射回中心导线,同时也使中心导线免受外界干扰,故同轴电缆比双绞线具有更高的带宽和更好的噪声抑制特性。

光纤是一种传送光信号的介质,采用非常细、透明度较高的石英玻璃纤维作为纤芯,外涂一层低折射率的包层和保护层。光纤分为单模光纤和多模光纤两类,单模光纤是指光纤的直径小到只能传输一种模式的光纤,光波以直线方式传输,而不会有多次反射;多模光纤是指在给定的工作时长内以多个模式同时传输的光纤,多模光纤比单模光纤的传输性能略差,如图 4.6 所示。

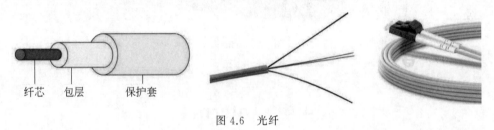

纤芯   包层   保护套

图 4.6   光纤

2. 无线传输介质

无线传输介质采用无线电(如微波通信、卫星通信)、红外线,激光等介质进行数据传输。无线传输不受固定位置限制,可以实现全方位、三维立体通信和移动通信。无线传输方式常用于有线铺设不便的特殊地理环境,或作为地面通信系统的备份和补充。

4.3.2   互联设备

网络设备是连接网络的一些部件,主要的设备有集线器、交换机、路由器等,它们在网络中起到信号的接收、发送、中转、放大、寻路等作用,下面介绍几种最常用的网络设备。

1. 交换机

交换机(Switch)是当前组建局域网使用较多的网络设备之一,如图 4.7 所示。它使得计算机能够以独享带宽的方式进行相互间的高速通信。交换机为用户提供独占的、点对点的连接,数据包只被发送到目的端口,不会向所有端口发送。

2. 路由器

路由器(Router)是实现网络互联的主要设备,可以互联多个不同类型的网络,如可以

图 4.7　交换机

用路由器连接多个不同数据传输速率或运行在不同环境下的局域网和广域网,如图 4.8 所示。路由器的主要任务是实现路径选择、协议转换,当数据从一个子网传输到另一个子网时,路由器检测网络地址,并决定数据是应该在本网络中传输,还是应传输到其他网络,并能选择从源网络到目的网络之间的一系列数据链路中的最佳路由。路由器还能在多网络互联环境下建立灵活的连接,可用完全不同的数据分组和介质访问方法连接各种子网。

图 4.8　路由器

4.4　Internet

4.4.1　Internet 的发展

1969 年 12 月,由美国国防部高级研究计划署资助的阿帕网是世界上最早的计算机网络,该网络最初只连接了美国西部 4 所大学的计算机系统,它就是 Internet 的雏形。1983 年,美国国防部宣布了 ARPANET 采用了 TCP/IP 协议,此时,它已连接了子网数十个,主机 500 余台,随着接入网络的计算机数量的飞速增长,20 世纪 80 年代中期,人们开始把网络的集合称作互联网,后来又被称作 Internet,即因特网。

1987 年 9 月 20 日,钱天白教授发出了我国第一封电子邮件,揭开了中国人使用 Internet 的序幕。1994 年 4 月,中科院计算机网络信息中心通过 64kbps 的国际线路连接到美国,我国开始正式接入 Internet。截止到 2020 年底,我国网民规模达到 9.98 亿人,互联网普及率达到 70.4%。

4.4.2　Internet 的工作原理

如今,Internet 已经成为一个跨越全球,连接上百万个子网、上亿台主机的国际互联网,成为我们工作和生活中不可缺少的部分。以下从 Internet 的工作模式、TCP/IP 协议

计算思维与 Python 编程基础(微课版)

和网络地址划分几个方面来说明 Internet 的工作原理。

1. Internet 的工作模式

C/S(Client/Server)模式是客户机/服务器结构的简称,是计算机网络系统普遍采用的一种重要技术,Internet 就是采用 C/S 工作模式来访问资源,如图 4.9 所示。人们把提供资源的计算机称作服务器,而把使用资源的计算机称作客户机。客户机通过局域网与服务器相连接,通过网络向服务器提出请求,服务器接收客户机的请求,对客户请求进行处理,并将处理结果发送给客户机。

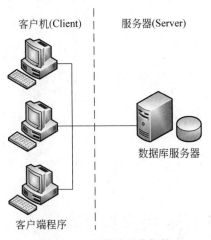

图 4.9　C/S 模式系统架构

Internet 的资源共享是通过 C/S 模式来完成的。随着网络技术的发展,特别是 Web 技术的不断成熟,B/S(Browser/Server)模式出现了,它可以理解为是对 C/S 模式的改进。在该模式下,客户端只需安装浏览器,即可在同一界面上方便地启动各种常见的 Internet 服务,并且这种模式在开发维护上更加便利,可以减少系统开发和维护的成本。

2. TCP/IP 协议

和其他的网络一样,为使网络之间的计算机都能够在各自的环境中实现相互通信,Internet 必须有一套通信协议,这就是 TCP/IP(Transmission Control Protocol/Internet Protocol)协议。这个协议是 Internet 的基本协议,是 Internet 国际互联网的基础,简单地说,就是由网络层的 IP 协议和传输层的 TCP 协议组成。TCP/IP 协议定义了电子设备接入 Internet,以及数据在它们之间传输的标准。TCP/IP 协议是一个 4 层的分层体系结构,如表 4.1 所示,高层为传输控制协议,它负责聚集信息,或把文件拆分成更小的包,低层是网际协议,它处理每个包的地址部分,使这部分包正确地到达目的地。

表 4.1　TCP/IP 模型的 4 层结构

协议层名称	功　　能
应用层	面向用户提供各种应用服务; 创建一个请求或服务
传输层	为通信双方建立和提供可靠的通信联系,并保证数据传输服务的质量; 建立连接,并管理一个请求或服务的传送
网络层	编址并路由选择; 通过路由选择,为"传送"确定一个目的地址和传输路径
网络接口层	控制和访问通信介质,并完成一个请求或服务数据的物理传送; 实际传送 0/1 的数据流

OSI 模型定义了不同计算机互联的标准,是设计和描述计算机网络通信的基本框架。OSI 模型把网络通信的工作分为 7 层,分别是物理层、数据链路层、网络层、传输层、会话

层、表示层和应用层。两种模式的对比如图 4.10 所示。

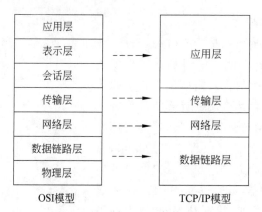

图 4.10　OSI 模型与 TCP/IP 模型各层的对应关系

4.4.3　IP 地址与域名

1. IP 地址

Internet 的核心协议是 IP 协议,该协议的目的是将数据从源点传送到目的结点。为了正确地传送数据,任何连入 Internet 的计算机都要编上一个地址,以便实现计算机之间的相互通信和识别,此地址称为 IP 地址。

一个 IPv4 地址由 32 位二进制数组成,例如,百度的 Web 服务器的 IP 地址是00100100 10011000 00101100 01100000,如图 4.11 所示,为了读写方便,通常采用更直观的十进制点分式来表示 IP 地址。每 8 位二进制串对应一个十进制数,32 位的 IP 地址则对应 4 个十进制数,每个十进制数的范围是 0~255。如此,百度 Web 服务器 IP 地址的十进制点分形式是 36.125.44.96。

图 4.11　IP 地址的二进制表示法

最初设计网络时,为了便于寻址和进行网络划分,每个 IP 地址包括网络 ID 和主机ID。同一个网络上的不同主机,其网络 ID 相同,主机 ID 不同。网络 ID 指出了 IP 地址所属的网络,主机 ID 指出了这台计算机在网络中的位置。这种 IP 地址结构使得在Internet 上寻址很容易,先按 IP 地址中的网络 ID 找到网络,然后在该网络中按主机 ID便可找到主机。

根据不同规模网络的需要,为了充分利用 IP 地址空间,将 IP 地址分为五类,分别称为 A 类、B 类、C 类、D 类和 E 类,如图 4.12 所示。

图 4.12　IP 地址分类

其中 A、B、C 三类地址(如表 4.2 所示)由 Internet NIC 在全球统一分配,D、E 类地址为特殊地址。

表 4.2　IP 地址分类

网络类型	最大网络数	第一个可用的网络号	最后一个可用的网络号	每个网络中的最大主机数
A	126	1	126	16 777 214
B	16 383	128.1	191.255	65 534
C	2 097 151	192.0.1	223.255.255	254

从地址格式可以看出,A 类地址使用左边 8 位表示,最左边一位标记为"0",后边 7 位表示网络 ID,网络 ID 的十进制范围为 1~126(0 和 127 有特殊含义)。右边 24 位表示主机 ID,如此可以给大型的网络分配 A 类地址,每个网络可含有 $2^{24}-2=16\ 777\ 214$ 台主机。

B 类地址使用左边 16 位表示,最左边两位标记为"10",后 14 位表示网络 ID,网络 ID 的十进制范围为 128~191,右边 16 位表示主机地址,这样一个网络可含有 $2^{16}-2=65\ 534$ 台主机。

C 类地址使用左边 24 位表示,最左边三位标记为"110",后 21 位表示网络 ID,网络 ID 的十进制范围为 192~223,右边 8 位表示主机 ID,经常用于小型网络,一共有 20971152 个 C 类小型网络,每个网络可以含有 254 台主机。

D 类地址是多播地址,主要是给 Internet 体系结构委员会使用,E 类地址保留用于实验和将来使用。

随着互联网用户的迅猛增长,尽管已经采取了地址分类等技术,但现有的网络地址仍不足,危机日益明显,并影响到了计算机网络的进一步发展。国际互联网工程任务组(The Internet Engineering Task Force,IETF)于 1998 年发布了 IPv6 草案标准,该草案于 2017 年 7 月被批准为互联网标准。IPv6 的地址长度为 128 位,是 IPv4 地址长度的 4 倍,它解决了地址空间短缺的问题,在地址数量、安全性及移动性等方面都有巨大的优势,将对未来计算机网络的发展产生巨大的影响。

2. 域名

由于数字形式组成的 IP 地址难以记忆和理解,因此 Internet 引入了域名管理系统 (Domain Name System,DNS)。完整的域名至少由两部分组成,各个部分之间用点号分隔,例如:

```
baidu.com
Yahoo.co.uk
mail.zstu.edu.cn
```

域名从右到左分别为顶级域名、二级域名、三级域名、主机名,典型的域名结构如下。

主机名.单位名称.机构名称.国家名

例如,mail.zstu.edu.cn 表示中国(cn)、教育机构(edu)、浙江理工大学(zstu)和邮件服务器(mail)。

4.4.4 接入方式

目前,Internet 的应用越来越普遍,无论是单位还是个人,都希望能够接入 Internet,而 Internet 服务提供商(Internet Service Provider,ISP)是接入 Internet 的入口。无论是个人还是单位的计算机,都不能直接连接到 Internet 上,而是采用某种方式连接到 ISP 提供的某台服务器上,再通过它连接到 Internet。随着网络带宽的增加,传输速率的加快,因特网接入技术的种类也随之不断增多,主要包括局域网接入、光纤接入、移动网络接入等。

1. 局域网接入

用户计算机在局域网中通过交换机连接路由器上网的方式称为局域网接入方式,如图 4.13 所示。用户一般使用双绞线与局域网连接,局域网接入方式稳定性更好,上网速率更高,但由于带宽共享,一旦区域内上网人数过多,网速就会变慢。

2. 光纤接入

光纤接入是一种以光纤为主要传输介质的接入技术,用户通过光纤连接到 Internet。光纤接入具有带宽高、端口带宽独享、抗干扰性能好等特点,其传输速率可以达到 1Gbps 甚至更高,而且升级方便,不需要更换任何设备,唯一的缺点是价格相对昂贵。

3. 移动网络接入

只要能使用移动电话的地方,就可以接入 Internet,我国目前主要是两家运营商提供移动网络接入的技术:中国移动通信的 GPRS 技术和中国联通的 CDMA 技术。如在 5G 移动数字蜂窝网络中,供应商覆盖的服务区域被划分成许多被称为蜂窝的小地理区域,蜂窝中的所有 5G 无线设备通过无线电波与蜂窝中的本地天线阵(将若干相同的天线按一定规律排列起来组成的天线阵列系统)进行通信,本地天线通过高带宽光纤与互联网连接,实现使用移动网络接入互联网。

计算思维与 Python 编程基础(微课版)

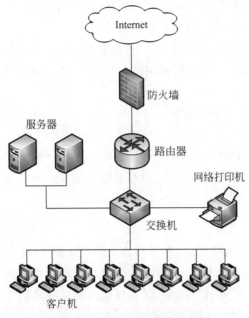

图 4.13 局域网接入方式示意图

4.5 网 络 安 全

当今社会是一个信息化的社会,计算机网络在政治、军事、金融、商业、交通、电信等方面的作用日益增强,社会对其依赖性也日益增强,以网络方式获得信息和交流信息已成为现代社会的一个重要特征。随着网络的开放性、共享性及互联程度的扩大,特别是Internet 网络的出现,各种新业务的兴起,比如电子商务、数字货币、网络银行等,网络安全显得越来越重要。因此网络安全作为计算机网络技术中重要的一部分,也越来越受到重视,了解和掌握网络安全知识也尤为重要。

4.5.1 网络安全的定义

网络安全是指网络系统的硬件、软件及其系统中的数据受到保护,不因偶然或恶意的原因而遭受到破坏、更改、泄露,系统连续、可靠、正常地运行,网络服务不中断。网络安全实质上是指网络上信息的安全,主要表现在可用性、可靠性、可控性、完整性、保密性、不可否认性、可审查性 7 个方面。

(1) 可用性:保证合法用户对信息和资源的使用不会被不正当地拒绝。

(2) 可靠性:在规定的条件和时间内完成规定功能的概率。

(3) 可控性:控制授权范围内的信息流向及行为方式,对信息的传播及内容具有控制能力。

（4）完整性：信息在传输或存储过程中不被破坏和丢失。

（5）保密性：网络信息不会被未经授权的用户访问。

（6）不可否认性：在网络交互中，所有参与者不能否认或抵赖曾经做出的行为。

（7）可审查性：对出现的计算机网络安全问题，可提供调查的依据和手段。

4.5.2 网络安全面临的威胁

网络安全威胁是指对网络安全存在不利影响的行为。威胁计算机网络安全的因素有很多，有人为的恶意攻击和无意的失误，也有系统的漏洞以及自然灾害等原因，归纳起来主要表现在以下几个方面。

1. 恶意攻击

此种安全威胁普遍是人为的，是网络面临的最大威胁，大致有中断攻击、窃取攻击、劫持攻击、假冒攻击4类网络攻击。中断攻击，主要是破坏网络服务的有效性，导致网络不可访问，主要攻击方法有中断网络线路、缓冲区溢出等。窃取攻击，主要破坏网络服务的保密性，导致未授权用户获取了网络信息资源，主要的攻击方法有搭线窃听、口令攻击等。劫持攻击，主要破坏网络服务的完整性，导致未授权用户窃取网络会话，并假冒信息源发送网络信息，主要攻击方法有数据文件修改、消息篡改等。假冒攻击，主要破坏网络验证，导致未授权用户假冒信源发送网络信息，主要攻击方法有消息假冒等。

2. 无意失误

主要指人为原因造成的网络安全隐患，例如配置不当造成的安全漏洞、口令安全等级不高易被破解、账号随意转借他人或与他人共享等，都会给网络安全带来威胁。

3. 病毒攻击

计算机病毒是指编制者在计算机程序中插入的，破坏计算机功能或者破坏数据，影响计算机使用，并且能够自我复制的一组计算机指令或者程序代码。它是计算机网络中最主要的一种安全威胁，具有传染、寄生、潜伏、破坏、隐藏等多种特点，可以影响计算机的正常运行，并以网络为基础向其他计算机传播，延缓计算机网络的运行速度，严重时可能会导致网络瘫痪以及机密数据信息的泄露。

4. 系统漏洞

网络操作系统和网络软件都或多或少地存在着安全漏洞或缺陷，而这些漏洞或缺陷往往是黑客和病毒的首选攻击目标，被黑客利用最多的系统漏洞是缓冲溢出，黑客利用缓冲溢出来改变程序的执行，转向执行事先编好的黑客程序。

5. 自然灾害

主要包括地震、飓风、暴雨等不可抗因素，温度、湿度、电磁、振动等环境因素也会对计算机网络安全产生影响。一旦发生自然灾害，目前的设备很难有效抵御，经常会造成数据丢失、网络中断、设备损坏等现象。

4.5.3 网络安全防范技术

网络安全防范是指在网络环境中利用网络管理控制技术对信息的处理、传输、存储和访问提供安全保护,以防止数据信息内容遭到破坏、更改、泄露,或者防止网络服务中断,下面介绍几种常用的网络安全防范手段。

1. 访问控制

访问控制是网络安全防范和保护的主要策略,是通过某种途径控制访问能力及范围的一种方法,是实现数据保密性和完整性的主要手段。根据访问手段和目的的不同,可以将访问控制划分为不同的级别,包括入网访问控制、网络权限访问控制、目录安全访问控制、属性访问控制等。

(1) 入网访问控制,可以控制哪些用户能够登录到服务器并获取网络资源,控制用户入网的时间和允许他们在哪一台工作站入网。

(2) 网络权限访问控制,是针对网络非法操作所提供出的一种安全保护措施,能够访问网络的合法用户被划分为不同的用户组,不同的用户组被赋予不同的权限。

(3) 目录安全访问控制,是针对用户设置的访问控制,具体为控制目录、文件、设备的访问。

(4) 属性安全访问控制,是在访问权限安全的基础上提供更进一步的安全性,如是否允许对某个文件进行增、删、查、改等操作,是否允许对文件进行复制、隐藏、共享等。

2. 数据加密

数据加密是指将原始的信息进行重新编码,原始信息称为明文,经过加密的数据称为密文,密文即使在网络传输中被第三方获取,也很难破译。接收端通过加密的逆过程解密,得到原始的数据信息,即得到明文。加密技术不仅能够保障数据信息在公共网络传输过程中的安全,也是实现用户身份鉴别和数据完整性保障的安全机制。数据加密码过程如图 4.14 所示。

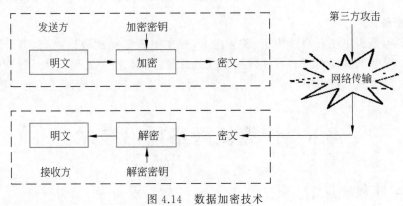

图 4.14　数据加密技术

3. 防火墙

古时候,人们在住所之间筑起一道墙,用于发生火灾时防止火势相互蔓延,网络防火墙的名称就借鉴了古代用于防火的防火墙的寓意。

防火墙是专门用于保护网络内部安全的系统,是在内部网与 Internet 之间设置的安全防护系统,是一个能将外部网络和内部网络隔开的硬件和软件的组合。它在内部网络与外部网络之间设置屏障,以阻止外界对内部资源的非法访问,从而保护内部网络免受非法用户的侵入。一般情况下,操作系统都默认设置了防火墙,图 4.15 所示为 Windows 10 防火墙设置窗口。

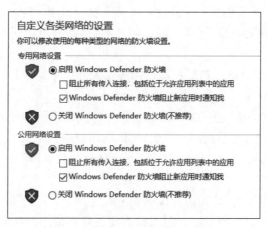

图 4.15 "Windows 10 防火墙设置"窗口

4. 杀毒软件

杀毒软件也称为反病毒软件,是用于消除计算机病毒、特洛伊木马和恶意软件等计算机威胁的一类软件。杀毒软件通常集成监控识别、病毒扫描和清除以及自动升级等功能,有的杀毒软件还带有数据恢复、防范黑客入侵、网络流量控制等功能,是计算机防御系统的重要组成部分。目前常用的杀毒软件有金山毒霸、卡巴斯基、诺顿、360 杀毒软件等。

5. 数据备份

数据备份是为了防止自然灾害、破坏攻击、操作失误等导致数据丢失,将全部或部分数据集合从服务器的硬盘或者存储阵列复制到其他存储介质的过程。建立并严格实施完整的数据备份方案,就能确保网络或系统受损时能够迅速和安全地恢复系统或数据。

4.6 计算机网络前沿技术

4.6.1 云计算

云计算是传统计算机技术和网络技术结合的产物,"云"是对互联网的一种比喻,"计算"也可以当作一种资源,它就像水和电一样,可以随取随用。云计算可以为用户提供强大的运算能力,用户通过计算机、平板电脑、手机等方式接入数据中心,按自己的需求进行运算。

"云计算"至今为止没有一个统一的定义,不同的组织从不同的角度给出了不同的定义,维基百科给出的"云计算"的定义为:云计算是一种基于互联网的计算方式,通过这种方式,共享的软硬件资源和信息可以按需求提供给计算机的各种终端和其他设备,使用服务商提供的计算机基建作计算和资源。

"云"是对计算机集群的一种形象比喻,云计算可以使用户通过互联网随时随地、快速方便地使用"云"提供的各种资源和服务,并按需付费。在云计算的典型模式中,用户通过终端接入网络向"云"提出服务请求,"云"收到请求后组织计算资源和存储资源处理请求,并将处理结果通过网络返回给用户,以此实现通过互联网为用户提供服务的目的。这样用户终端的功能可以大大简化,需要存储和计算的数据都可以在云端进行,如图 4.16 所示。

图 4.16　云计算概念模型

提供云计算服务的商家负责管理和维护云的正常运转,为用户提供足够强的计算能力和足够大的存储空间。云计算通过虚拟化技术对资源进行整合,提高各类资源的利用率,形成统一的计算与存储资源网络。

1. 云计算服务模式

云计算可以分为三个层面的服务模式:基础设施即服务(Infrastructure as a Service,IaaS)、平台即服务(Plateform as a Service,PaaS)和软件即服务(Software as a Service,SaaS)。

(1) 基础设施即服务是主要的服务类别之一,它向云计算提供商的个人或组织提供虚拟化计算资源,如虚拟机、存储、网络和操作系统。这些服务于终端用户的软硬件资源都可以按照他们的需求进行扩展或收缩,典型的服务商包括阿里云、腾讯云、华为云等。

（2）平台即服务是一种服务类别，为开发人员提供通过全球互联网构建应用程序和服务的平台。PaaS 为开发、测试和管理软件应用程序提供按需开发环境，包括执行运行时间、数据库、Web 服务、开发工具和操作系统，典型的服务商包括亚马逊的 AWS、微软 Azure、新浪云、腾讯云等。

（3）软件即服务也是服务的一类，通过互联网提供按需付费软件应用程序，云计算提供商托管和管理软件应用程序，并允许其用户连接到应用程序，并通过全球互联网访问应用程序。厂商将应用软件统一部署在自己的服务器上，客户可以根据实际需求，通过互联网向厂商订购所需的应用软件服务，按订购服务多少和时间长短向厂商支付费用，厂商通过互联网向客户提供服务，典型的服务商包括谷歌、金蝶、用友等。

2. 云计算的特点

云计算使计算分布在大量的分布式计算机上，而非本地计算机或远程服务器中，用户可以根据需求使用这种计算能力。它意味着计算能力也可以作为一种商品流通，就像煤气、水电一样，取用方便，费用低廉，最大的不同之处是它通过互联网进行传输。云计算的可贵之处在于高灵活性、可扩展性和高性能比，与传统的网络应用模式相比，云计算的关键技术有虚拟化、海量数据分布存储技术、海量数据管理技术、并行编程模式。

1）虚拟化

虚拟化是云计算的核心技术，它实现了云平台中软件与硬件的关联。虚拟化包含两种形式，一种是使用软件将一台设备虚拟成多台设备，另一种是使用软件将分散在各地的多台设备虚拟成为一台功能强大的设备。用户获取应用服务时，所请求的资源来自"云"，而不是固定的有形的实体。用户无须关注应用运行的具体位置，只需要使用一台计算机或手机，就可以通过网络获得所需的资源或服务。虚拟化技术目前主要应用在 CPU、操作系统、服务器等方面，是提高服务效率的最佳解决方案。

2）海量数据分布存储技术

云计算以互联网为基础，将数据以分布的方式在线存储，用户无须考虑存储容量、数据存储位置以及数据的安全性和可靠性等问题。云计算的数据存储技术的主要代表是谷歌的 GFS。GFS 即谷歌文件系统（Google File System），是一个可扩展的分布式文件系统，用于对大型的、分布式的大量数据进行访问。

3）海量数据管理技术

云计算需要对分布的、海量的数据进行处理、分析，因此，云计算系统的数据管理往往采用阵列存储的数据管理模式，保证海量数据的存储和分析能力。最著名的云计算的数据管理技术是谷歌的 BigTable 数据管理技术。

4）并行编程模式

指使用一些具有明确定义的编程模式，用以描述并行编程的形式和方法。通俗地说就是程序各模块并行执行时，模块间的通信方式。云计算提供了分布式的计算模式，客观上要求必须有分布式的编程模式与之对应。云计算采用 MapReduce 编程模式，将任务自动分成多个子任务，通过 Map 和 Reduce 实现任务在大规模计算结点中的调度与分配。

3. 云计算的应用

1）数据存储领域

云存储是在云计算技术上发展起来的一个新的存储技术，是一个以数据存储和管理为核心的云计算系统。用户可以将本地的资源上传至云端，可以在任何地方连入互联网来获取云上的资源。使用者使用云存储并不是使用某一个存储设备，而是使用整个云存储系统带来的一种数据访问服务。目前，腾讯、百度、华为、360、联想等多家公司提供了云存储服务。

2）教育领域

云计算在教育领域发挥着重要作用，它降低了教育信息系统建立的成本，同时有效地消除教育信息系统中的"孤岛"现象，通过云计算可以将需要的任何教育软硬件资源虚拟化，然后将其传入互联网中，向教育机构和学生、教师提供一个方便快捷的应用平台。现在流行的慕课就是云计算在教育领域的一种应用，慕课（MOOC）是指大规模开放的在线课程，MOOC中国、慕课网、爱课程、中国大学MOOC等都是非常好的平台。

3）医疗领域

在云计算、移动技术、多媒体、5G通信、大数据以及物联网等新技术的基础上，结合医疗技术，使用云计算可以创建医疗健康服务平台，实现医疗资源的共享和医疗范围的扩大。云计算在医疗行业的应用提高了医疗机构的办事效率，方便人们就医，网上预约挂号、电子病历、医保等都是云计算与医疗领域结合的产物。

4）金融领域

在金融领域利用云计算的模型，可以将信息、金融和服务等功能分散到互联网"云"中，为银行、保险和基金等金融机构提供互联网处理和运行的服务，同时共享互联网资源。如阿里金融云、苏宁金融等。其实这就是现在基本普及的快捷支付，只需要在手机上简单操作，就可以完成支付、银行存款、购买保险和基金等业务。

4.6.2　物联网

1. 物联网的概念

近年来，随着移动互联网的快速发展，条形码、二维码在网络中的广泛应用，"物联网"一词凸现到人们的视野中。物联网，顾名思义就是物物相连的互联网。这里有两层含义，其一，物联网的核心和基础仍然是互联网，是在互联网基础上延伸和扩展的网络；其二，用户延伸和扩展到了任何物品与物品之间，进行信息交换和通信，也就是物物相连。

以物联网为代表的下一代互联网被誉为信息技术革命的第三次浪潮，*The Internet of Things* 一书中给出了物联网的定义：物联网是一个基于互联网、传统电信网等信息载体，让所有能够被独立寻址的普通物理对象实现互联互通的网络。它具有普通对象设备化、自治终端互联化和普通服务智能化三个重要特征，物联网的关键技术是射频识别技术、传感器技术和嵌入式技术。目前，我国的物联网技术研发水平处于世界前列。

2. 物联网的关键技术

1）射频识别技术

射频识别（Radio Frequency Identification，RFID）技术又称无线射频识别，是一种非接触式的自动识别技术，通过设备信号自动识别目标对象并获取相关数据。识别工作无须人工干预，可工作于各种恶劣环境，可识别高速运动物体，也可以同时识别多个标签，操作快捷方便。

最基本的 RFID 系统由三部分组成，如图 4.17 所示。

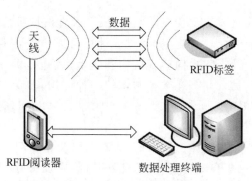

图 4.17　RFID 系统的组成

读写器通过发射天线发送一定频率的射频信号，当电子标签进入发射天线工作区域时，产生感应电流，电子标签获得能量被激活，并将自身信息送出去，系统接收天线接收到从电子标签发送来的载波信号，经天线调节器传送到读写器，读写器对接收的信号进行解调和解码，然后送到后台主系统进行相关处理。

2）传感器技术

传感器技术是一种能自动检测的感知设备，可以感知热、力、电、声、位移等信号，通过传感器可以获取大量人类感官无法直接获取的信息，如高温环境下微小的温度变化、压力变化等，为物联网系统的处理、传输、分析和反馈提供最原始的信息。传感器的种类多种多样，如温度传感器、湿度传感器、液位传感器、速度传感器等。如果把计算机看成处理和识别信息的"大脑"，把通信系统看成传递信息的"神经系统"，那么传感器就是"感觉器官"。

3）嵌入式技术

嵌入式系统将软件与硬件固化在一起，具有软件代码小、高度自动化、响应速度快等特点，特别适合于要求实时和多任务的系统。嵌入式系统主要由嵌入式处理器、相关支撑硬件、嵌入式操作系统及应用软件等组成。经过几十年的演变，以嵌入式系统为特征的智能终端产品随处可见，小到人们身边的 MP3，大到卫星系统。嵌入式系统正在改变着人们的生活，推动着工业生产以及国防工业的发展，其应用有智能手机、数码相机、彩电、冰箱等各种家电，以及工控设备、通信设备、汽车、医疗仪器、军用设备等。嵌入式技术为物联网实现智能控制提供了技术支持。

3. 物联网的应用

1) 智能家居

智能家居以住宅为平台,利用综合布线技术、网络通信技术、安全防范技术、自动控制技术等多种技术,将家中的各种设备连接到一起,利用网络提供家电控制、照明控制、防盗报警、远程控制等多种功能。与此同时,还可以提升家居的安全性、便利性、舒适性、艺术性,实现环保节能的居住环境,如图 4.18 所示

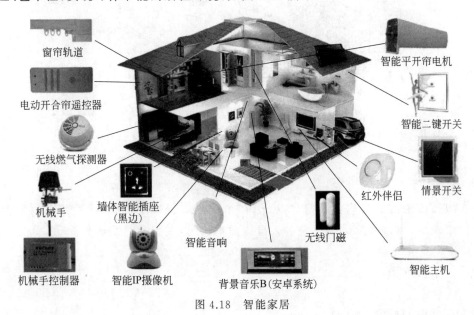

窗帘轨道
智能平开帘电机
电动开合帘遥控器
智能二键开关
无线燃气探测器
机械手
墙体智能插座(黑边)
红外伴侣
情景开关
机械手控制器
智能IP摄像机
智能音响
无线门磁
智能主机
背景音乐B(安卓系统)

图 4.18 智能家居

2) 智能物流

智能物流是将物联网技术运用在物流配送系统,实现物品追踪、信息共享,提高物流企业的效率,实现可视化供应链,提升物流信息化程度,降低制造业、物流业等各行业的成本,提高企业的利润。生产商、批发商、零售商三方通过智能物流相互协作,共享信息,使其更节省成本。

将 RFID 标签放置在货柜、集装箱、车辆等物流基础设施内,在物流企业仓库内部、出入库口、物流关卡等处安装 RFID 读写器,可以实现物品自动化出入库、盘点、交接环节中的 RFID 信息采集,达到对物品库存的透明化管理。如图 4.19 所示,RFID 技术与物流设备的结合,可以进行物流基础设施信息化的升级,提高其信息化和自动化水平。

3) 智能医疗

智能医疗利用物联网技术打造健康档案区域医疗信息平台,实现患者与医务人员、医疗机构、医疗设备之间的互动,逐步达到信息化,借助数字化、可视化模式,使有限的医疗资源让更多人共享。

智能医疗不但能提高医院及医疗人员的工作效率,减少工作中的差错,还可以通过远程医疗、远程会诊等方式来解决医疗资源区域分配不均等问题。例如,在药品发放管理中,护士扫描患者腕式标签获得患者应发放的药品信息;在远程查房中,利用高清

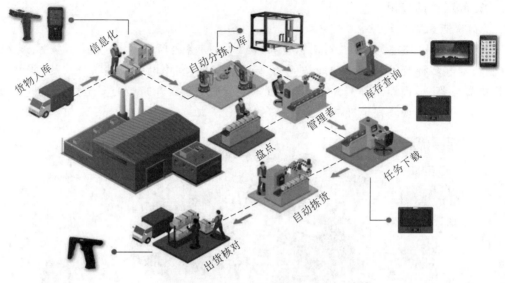

图 4.19　智能物流

摄像头以及传感器了解病人的身体状况;在个人健康管理中,利用医疗传感器监测个人的健康状况,通过医疗数据了解个人身体健康状况,做到及时发现和治疗。

4.6.3　区块链

1. 区块链的概念

区块链起源于比特币,在比特币的形成过程中,区块链是一个个存储单元,记录了一定时间内各个区块结点的全部交流信息。各区块之间通过随机散列实现链接,后一个区块包含前一个区块的哈希值。随着信息交流的扩大,区块相继接续,形成的结果就叫区块链。区块链涉及数学、密码学、互联网和计算机编程等很多科学技术问题,是一个分布式的共享账本和数据库,是首个自带对账功能的数字记账技术的实现。区块链是一种按照时间顺序将数据区块以顺序相连的方式组合成的一种链式数据结构,并以密码学方式保证的不可篡改和不可伪造的分布式账本。

2. 区块链的特征

1) 去中心化

区块链技术不依赖第三方管理机构或硬件设施,没有中心管制,各个结点实现了信息自我验证、传递和管理。任意结点的权利和义务都是均等的,系统中的数据块由整个系统中具有维护功能的结点来共同维护。

2) 开放性

区块链的技术基础是开源的,除了交易各方的私有信息被加密外,区块链的数据对所有人开放,任何人都可以通过公开的接口查询区块链数据和开发的相关应用,因此整个系统的信息高度透明。

3）独立性

区块链采用基于协商一致的规范和协议（比如一套公开透明的算法），使整个区块链系统不依赖第三方，所有结点能够在系统内自动安全地验证、交换数据，无须人为干预。

4）安全性

经过验证的数据被添加至区块链，将会永久地存储起来，只要不能控制系统中超过51％的结点，对单个结点上的数据库修改是无效的，因此区块链的安全性还是很高的。

3. 区块链的应用

1）区块链在物联网领域的应用

区块链是通过结点连接的散状网络分层结构，能够在整个网络中实现信息的全面传递，并能够检验信息的准确程度。这种特性提高了物联网交易的便利性和智能性，物联网也为区块链应用提供了更多可落地的应用场景及物理世界的支撑依据，如图 4.20 所示，在房屋分时租赁中，不同类型的锁与租赁终端设备绑定，并与区块链网关相连接，区块链网关作为区块链结点对这些锁进行控制。当使用者需要租赁服务时，智能合约将提供多中心化的分时租赁服务。

图 4.20　区块链在物联网领域的应用

2）区块链在保险行业的应用

保险行业需要将信息技术融入保险业务，保险机构负责资金归集、投资、理赔，往往管理和运营成本较高，区块链可以提供有效的"技术"监管，这在保险理赔方面有很大的应用潜力。以社会保险为例，如图 4.21 所示，利用区块链实现分布式存储数据，系统参与者可以共同维护数据，且该数据按照时间先后被记录，不可篡改，形成一套可信度高的数据库。若任意结点损坏，不会影响数据库的使用和更新，相当于每个结点都是中心。区块链形成的数据库降低了信用风险，提高了保险认证效率，并可在保险业达成共识，实现准确、快速理赔。

图 4.21   区块链在保险行业的应用

3）区块链在政务领域的应用

区块链的去中心化、数据安全记录、不可篡改等特点，为政务管理提供了新的机遇。例如，分布式系统可以降低网络攻击；可信度高的数据库可以提高行政许可、注册登记、税收缴纳等业务的办事效率，增强政府部门的行政响应能力。在政府拨款管理中，可以确保资金专款专用，及时跟踪资金去向和使用情况，避免腐败和滥用，提高资金的使用效率。

4.6.4   互联网＋

1. "互联网＋"的内涵

"互联网＋"是指以互联网为主的新一代信息技术（包括移动互联网、云计算、物联网、大数据等）在经济社会生活各部门的扩散、应用与深度融合的过程，是传统产业的在线化、数据化。通俗来说，"互联网＋"就是"互联网＋各个传统行业"，利用信息通信技术以及互联网平台，让互联网与传统行业进行深度融合，创造新的发展生态。例如，互联网＋媒体，产生网络媒体；互联网＋娱乐，产生网络游戏；互联网＋零售，产生电子商务等。

2. "互联网＋"的特征

（1）跨界融合，"＋"就是跨界，就是重塑融合，融合本身也指代身份的融合。

（2）创新驱动，这是互联网的特质，利用互联网思维来求变，发挥创新的力量。

（3）重塑结构，信息革命、全球化、互联网业已打破了原有的社会结构、经济结构、地缘结构、文化结构。越来越多的传统产业都在被互联网的改变中挖掘商机，产生新的格局。

计算思维与 Python 编程基础（微课版）

（4）尊重人性，以人为本，以人为中心，一切需求都是以个体需求在网上延伸、辐射到制造业、服务产业以及各行各业，改变很多原有产业中不合理的因素，如信息不对称、不够透明等。

（5）开放生态，去除制约创新的环节，把孤岛式创新连接起来，让研发由市场决定，让创业者有机会实现价值。

（6）连接一切，是人与人的连接、人与物的连接、物与物的连接，连接一切是"互联网＋"的目标。

3."互联网＋"的应用

1）互联网＋金融

从 2013 年以在线理财、支付、电商小贷、P2P、众筹等为代表的互联网嫁接金融的模式进入大众视野以来，互联网金融已然成为了一个新金融行业，并为普通大众提供了多元化的投资理财选择。2014 年，互联网银行落地，标志着"互联网＋金融"进入了新阶段。

2）互联网＋交通

"互联网＋交通"已经在交通运输领域产生了"化学效应"，如经常使用的打车软件、网上购买火车和飞机票、出行导航系统等。互联网催生了一批打车、拼车、专车软件，它们把互联网和传统的交通出行相结合，改善了人们的出行方式，增加了车辆的使用率，推动了互联网共享经济的发展，提高了效率，减少了排放，为环境保护也做出了贡献。

3）互联网＋传统医疗

在传统的医疗模式中，普遍存在事前缺乏预防，事中体验差，事后无服务的现象。互联网将优化传统的诊疗模式，为患者提供一条龙的健康管理服务。通过互联网医疗，患者可以监测自身健康数据，做好事前防范；在诊疗服务中，可以进行网上挂号、询诊、购买、支付，节约时间和经济成本，提升事中体验；并依靠互联网在事后与医生沟通。百度、阿里、腾讯先后加入互联网医疗产业，如阿里健康、丁香园、挂号网、春雨医生等。互联网医疗打破了时空限制，不仅在疫情防控中发挥了重要作用，也让其他患者在疫情防控期间及时得到医疗支持。

4）互联网＋教育

"互联网＋教育"是互联网科技与教育领域相结合的一种新的教育形式，它重新定义学校和教师，教师和学生的地位也完全被颠覆。在互联网的作用下，以信息作为载体的优质教育资源不再聚集和局限在有限的几所学校，而是可以近乎无成本地均匀分布在每个学校，实现教育资源的共享，推动教学效率的提升。微课、慕课、翻转课堂、手机课堂等，这些都是"互联网＋教育"的应用。

4.7　本　章　小　结

本章主要介绍了计算机网络的形成与发展、定义与功能，计算机网络的分类和拓扑结构，还介绍了常用的网络设备，重点介绍了 Internet 及网络安全的相关知识，还根据当前网络的发展状况介绍了一些网络的前沿技术,即云计算、物联网、区块链和"互联网＋"。本章的思维导图如图 4.22 所示。

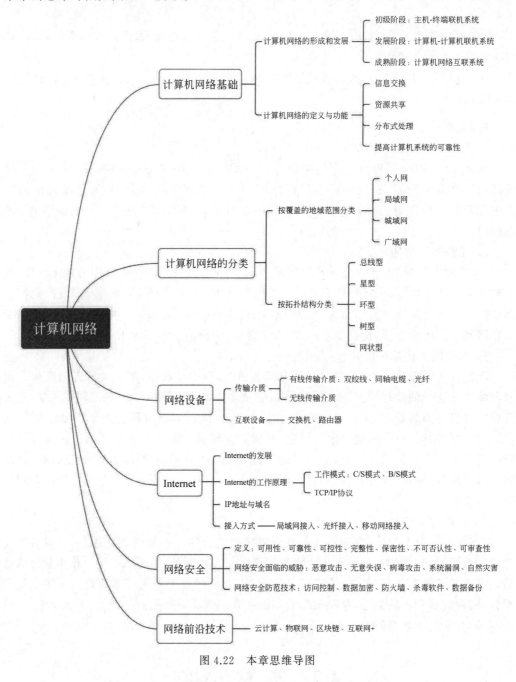

图 4.22　本章思维导图

　计算思维与 Python 编程基础(微课版)

4.8 习　　题

1. 单选题

(1) 在网络中,提供域名与 IP 地址解析服务的服务器是(　　)。

　　A. FTP 服务器　　　　　　　　　B. DNS 服务器

　　C. WWW 服务器　　　　　　　　D. DHCP 服务器

(2) 以下选项中,(　　)不是顶级域名。

　　A. www　　　　　B. gov　　　　　C. com　　　　　D. net

(3) 以下设置密码的方式中,(　　)更加安全。

　　A. 全部用英文字母作为密码

　　B. 用大小写字母、标点、数字以及控制符组成密码

　　C. 用自己姓名的汉语拼音作为密码

　　D. 用自己生日作为密码

(4) 不属于无线介质的是(　　)。

　　A. 光纤　　　　　B. 微波　　　　　C. 激光　　　　　D. 电磁波

(5) 学校的校园网络属于(　　)。

　　A. 广域网　　　　B. 城域网　　　　C. 电话网　　　　D. 局域网

(6) 下面的 IP 地址中,属于 A 类地址的是(　　)。

　　A. 128.67.205.71　　　　　　　B. 61.6.151.11

　　C. 255.255.255.192　　　　　　D. 202.203.208.35

(7) 根据统计,当前计算机病毒扩散最快的途径是(　　)。

　　A. 网络传播　　B. 软件复制　　C. 磁盘拷贝　　D. 运行游戏软件

(8) OSI 模型和 TCP/IP 协议体系分别分成(　　)层。

　　A. 7 和 7　　　　B. 4 和 4　　　　C. 7 和 4　　　　D. 4 和 7

(9) Internet 协议 IPv6 将原来的 32 位地址扩展到了(　　)位。

　　A. 64　　　　　　B. 128　　　　　C. 512　　　　　D. 256

(10) 以下 4 种通信方式,传输速度最快的是(　　)。

　　A. 微波　　　　　B. 通信卫星　　　C. 光纤　　　　　D. 同轴电缆

2. 简答题

(1) 谈谈目前网络安全所面临的威胁。

(2) 什么是云计算?云计算的技术特点是什么?列举至少 3 个身边的云计算应用。

第 **5** 章 计算思维与算法

计算思维是一种建立在计算机科学基础概念之上的思维活动。简而言之,计算思维要求我们能够像计算机科学家一样思考或解决问题。问题求解的过程包含以下步骤。

(1)提出问题。针对实例问题进行综合归纳,并深入理解。

(2)分析问题。抽象问题,建立模型,构造求解过程。

(3)设计算法。设计详细的解题方法和步骤,并且利用计算机语言来实现求解过程。

(4)解决问题。利用计算机来自动执行解决方案,测试调整,最终解决问题。

可见,与传统求解思维模式不同的是:要通过算法设计和编程来形成计算机可自动执行的命令。算法设计显得至关重要,它是计算思维的核心。

5.1　算法的概述

5.1.1　算法的定义和由来

算法,就是指对问题解决方案进行准确和完整的描述,是解决问题的一系列清晰的指令。算法能通过符合一定规范的输入,在有限时间内获得所要求的输出。

算法在中国古代文献中称为"术",最早出现在《周髀算经》(图 5.1(a))和《九章算术》

(a) 周髀算经　　　　　　　　　　　　(b) 九章算术

图 5.1　《周髀算经》和《九章算术》

（图 5.1(b)）中。特别是《九章算术》一书,给出了四则运算、最大公约数、最小公倍数、开平方根、开立方根、线性方程组等诸多算法。三国时代的刘徽也给出求圆周率的算法:刘徽割圆术。唐代的《算法》、宋代的《杨辉算法》、元代的《丁巨算法》、明代的《算法统宗》、清代的《开平算法》中也出现了算法论述。

算法的英文单词是 algorithm,国外实际最早由 9 世纪的波斯数学家 al-Khwarizmi 提出,随后传到了欧洲。在现代的数学认知当中,欧几里得算法被西方人认为是史上第一个算法。

5.1.2　算法的特征

算法的五个重要特征如下。

1. 确定性
算法里的每一步骤必须有确切的定义,不能含糊不清,不能有二义性。

2. 可行性
算法中执行的任何计算步骤都是可以被分解为基本的可执行的操作步骤,即每个计算步骤都可以在有限时间内完成。

3. 有穷性
算法必须能在执行有限个步骤之后终止。

4. 输入
算法有 0 个或多个输入,所谓 0 个输入,是指算法本身定出了初始条件。

5. 输出
算法必须有一个或多个输出,以反映对输入数据加工后的结果,没有输出的算法是毫无意义的。

5.1.3　算法的描述

用来描述算法的方式主要有以下 4 种:自然语言、流程图、伪代码和计算机语言。

自然语言是人们日常使用的语言,可以是中文、英文等,用它来描述算法,人们不用进行专门的学习。流程图包括传统流程图和 N-S 流程图。伪代码即是用介于自然语言和计算机语言之间的文字和符号来描述算法。计算机语言即用计算机高级语言来描述求解过程,可以在计算机上运行。

举例:求解 1+2+…+10000 的算法描述。

分析问题:求解 1+2+…+10000 最直观的一种方法是顺序相加法,思路为:先求 1 加 2,得到结果 3,再加上 3,得到 6,以此类推,最终得到结果。

但顺序相加法并不是最优的算法,快速计算可以采用高斯算法中的首尾相加法,即

1+10000=10001;

$2+9999=10001$;

$3+9998=10001$;

……

相加 5000 次,得出最终答案。

1. 自然语言描述算法

自然语言描述算法,就是对算法的各个步骤,依次用人们熟悉的自然语言文字或符号表达出来。对于顺序相加法,算法如下。

顺序相加法的自然语言描述如下。

第 1 步:给变量赋初值,将 0 赋值给 S,1 赋值给 i;

第 2 步:S 的值加 i,得到 $1+2+3\cdots$ 的效果;

第 3 步:每次循环需要让 i 自增 1,以达到从 1 加到 10000 的结果;

第 4 步:如果满足循环的条件,即 $i \leqslant 10000$,则转到第 2 步,否则转到第 5 步;

第 5 步:当 i 大于 10000 时,退出循环,输出 S 的值,算法结束。

首尾相加法的自然语言描述如下。

第 1 步:给变量赋初值,将 $1+10000$ 赋值给 S,10000/2 赋值给 i;

第 2 步:将 $S*i$ 的值赋值给 S;

第 3 步:输出 S 的值,算法结束。

自然语言描述算法的特点是通俗易懂,简单易学,但不够简洁,易产生歧义。

2. 流程图描述算法

1)传统流程图描述算法

传统流程图是用规定的一组图形符号、流程线和文字说明来描述算法,顺序相加法的传统流程图如图 5.2 所示。

2)N-S 流程图描述算法

N-S 流程图完全去掉了流程线,用一个矩形框来表示一个算法,矩形框内可以包含若干从属于它的小矩形框,可以更清晰地表达结构化的算法设计思想,如图 5.3 所示。

用 N-S 流程图表示算法直观易懂,但画起来比较费时。

思考:首尾相加法的流程图该如何画呢?

3)伪代码描述算法

伪代码没有固定、严格的语法规则,可以用英文也可以用中文,虽然更易转换为计算机高级语言,但是不够直观。顺序相加法的伪代码描述如下:

```
S=0;
for(i=1; i≤10000; i++)
      S=S+i;
End
Output: S
```

注意:for 循环是编程语言中的一种循环语句,判断括号内条件是否成立,若成立,执行中间循环体,反之退出此 for 循环。Output 为 S,即此程序执行完成后输出的结果为当

前 S 的值。

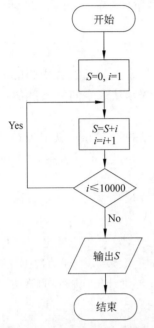

图 5.2 顺序相加法的传统流程图

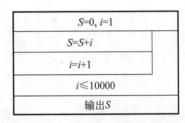

图 5.3 顺序相加法的 N-S 流程图

4）计算机语言描述算法

由于本书下篇讲解 Python 编程,因此在此只用 Python 语言来描述该顺序相加的算法。程序代码如下。

```
S=0
for i in range(10001):
    S=S+i
print(S)
```

注意:for i in range 是 Python 中用来 for 循环遍历的,range()函数可创建一个整数数列,如 range(10)产生的数列为 0、1、2、3、4、5、6、7、8、9。print()函数用于打印输出结果。

5.1.4　算法的评价

由于计算机的运算速度和空间资源有限,就需要花大力气去评估算法的好坏。衡量算法的好坏有多种标准,其中最重要的两大标准是时间复杂度和空间复杂度。

1. 时间复杂度

时间复杂度是描述算法运行时间的一个标准。时间复杂度常用大写字母 O 表示。O 的意思是“忽略重要项以外的内容”,也就是将运行时间简化为一个数量级。时间复杂度的数量级表示有以下原则。

(1) 若运行时间为常数级,复杂度就记为 $O(1)$。

(2) 若不是常数级,就保留最高阶,同时省去最高阶的系数。如运行时间为 $T(n) = 3n^3 + 4n^2 + 5$,则时间复杂度为 $O(n^3)$。

2. 空间复杂度

空间复杂度是描述算法空间成本的一个标准,即算法在运行过程中临时占用的存储空间大小的数量级。空间复杂度也使用大写字母 O 表示法。空间复杂度的数量级表示有以下原则。

(1) 若算法的存储空间大小固定,和输入规模没有关系,复杂度就记为 $O(1)$。

(2) 若算法分配的空间是一个线性集合(如列表),并且集合大小和输入规模 n 成正比时,复杂度记为 $O(n)$。

(3) 若算法分配的空间是一个二维列表集合(如二维列表),并且集合的长度和宽度和输入规模 n 成正比时,复杂度记为 $O(n^2)$。

算法的时间和空间复杂度是相互影响的,很多时候,需要在两者之间进行取舍。因此,设计一个算法时,要综合考虑算法的各项性能,如使用频率、处理的数据量的大小、编程语言的特性、算法运行的机器系统环境等因素,才能够设计出比较好的算法。

5.2 常用经典算法

5.2.1 穷举算法

穷举算法又称列举法、枚举法、暴力破解法,是一种简单而直接的解决问题的方法。该算法简单,计算量大,适应问题广。

穷举算法的步骤如下。

(1) 根据问题的具体情况确定穷举量(简单变量或数组)。

(2) 根据确定的范围设置穷举循环。

(3) 根据问题的具体要求确定约束条件。

(4) 设计穷举程序并运行、调试,对运行结果进行分析与讨论。

当问题涉及的数量非常大时,穷举的工作量也就很大,程序运行时间也就很长。因此,应用穷举法求解时,应根据问题的具体情况分析归纳,寻找并简化规律,精简穷举循环,优化穷举策略。

穷举算法的流程如图 5.4 所示。

穷举算法的典型实例即百钱买百鸡问题,描述如下。

某人有 100 元钱,要买 100 只鸡。公鸡 5 元 1 只,母鸡 3 元 1 只,小鸡 1 元 3 只。问可买到公鸡、母鸡、小鸡各多少只。

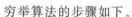

图 5.4 穷举算法流程图

计算思维与 Python 编程基础(微课版)

解题思路：设公鸡 X 只，母鸡 Y 只，小鸡 Z 只，则有：

$$\begin{cases} X + Y + Z = 100 \\ 5X + 3Y + Z/3 = 100 \end{cases} \qquad (5.1)$$

由此可以确定 X、Y、Z 的取值范围如下：

$$\begin{cases} 0 \leqslant X \leqslant 100/5 \\ 0 \leqslant Y \leqslant 100/3 \\ Z = 100 - X - Y \end{cases} \qquad (5.2)$$

依次列举出可能的选项，如：

第一种：选择买 0 只公鸡，0 只母鸡，100 只小鸡。

第二种：选择买 0 只公鸡，1 只母鸡，99 只小鸡。

第三种：选择买 0 只公鸡，2 只母鸡，98 只小鸡。

......

5.2.2　贪心算法

贪心算法，又称贪婪算法，是指在对问题求解时，每一步都要选择当前看来最好的，做完此选择后便将问题化为一个子问题。这是一个自顶向下的顺序求解过程，每一步都是单独考虑的。贪心算法并没有对所有可能解决问题的方法搜索，所以虽然它每一步都能保证获得局部最优解，但由此产生的最终解不一定是全局最优解。通常不能得到全局最优解。贪心算法的步骤如下。

（1）建立数学模型来描述问题。

（2）把求解的问题分成若干子问题。

（3）对每个子问题求解，得到子问题的局部最优解。

（4）把子问题的局部最优解合成为原来问题的一个全局解。

贪心算法的流程如图 5.5 所示。

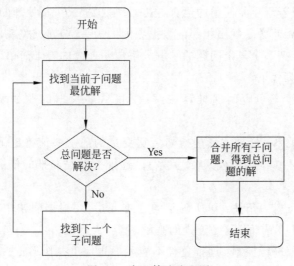

图 5.5　贪心算法流程图

贪心算法的典型实例即背包问题,描述如下。

有一个背包,背包容量是 $M=150$。表 5.1 所示有 7 个物品,物品可以分割成任意大小。要求尽可能让装入背包中的物品总价值 v 最大,但不能超过总容量 w。

表 5.1　背包物品重量和价值分配

物　品	重　量	价　值	物　品	重　量	价　值
A	35	10	E	40	35
B	30	40	F	10	40
C	60	30	G	25	30
D	50	50			

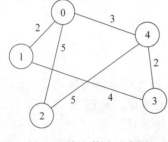

图 5.6　贪心算法示意图

利用贪心算法来解决该问题,就是要在一定重量 w 内,总价值 v 最高,每次选择物品都要选当前性价比高的,即按照性价比 v/w 的值从大到小来挑选,最后就会有最优解。贪心算法并不一定能得到全局最优解,需根据实际情况灵活使用。如图 5.6 所示,对从 0 点到 3 点的最短距离,按照贪心算法得出最短路径为 $0 \rightarrow 1 \rightarrow 3$,结果为 6,但我们可以轻易得出 $0 \rightarrow 4 \rightarrow 3$ 的距离是最短的,结果为 5。

5.2.3　递推算法

一个问题的求解需要一系列的计算,在已知条件和所求问题之间总存在某些相互关联的关系。计算时,如果可以找到前后过程之间的数量关系(即递推式),就能把复杂问题简单化,将其拆分成若干重复简单的运算,发挥计算机擅长重复处理的特点。

递推算法的首要问题是找出相邻的数据项间的关系(即递推关系)。递推算法避开了求通项公式的麻烦,把一个复杂问题的求解分解成了连续的若干简单运算。

递推算法的步骤如下。

(1) 确定递推变量:应用递推算法解决问题,要根据问题的实际情况设置递推变量。

(2) 建立递推关系:递推关系是指如何从变量的前一些值推出下一个值,或从变量的后一些值推出其上一个值的公式(或关系)。递推关系是递推的依据,是解决递推问题的关键。

(3) 确定初始(边界)条件:对所确定的递推变量,要根据问题最简单情形的数据确定递推变量的初始(边界)值,这是递推的基础。

(4) 对递推过程进行控制:递推过程不能无休止地重复执行下去。递推过程在什么时候结束或满足什么条件结束,是编写递推算法必须考虑的问题。

递推算法的流程如图 5.7 所示。

递推算法的典型实例即兔子繁殖问题,描述如下。

把雌雄各一的一对新兔子放入养殖场中。每只雌兔在出生两个月以后,每月产雌雄各一的一对新兔子。试问第 n 个月后养殖场中共有多少对兔子。

递推算法的关键是找出递推关系,每个月兔子的个数如下:

1 月:2

2 月:2

3 月:4

4 月:6

5 月:10

……

根据上述数据分析,可以得出每个月兔子的个数与上个月、上上个月的兔子个数的关系,即 $f(n)=f(n-1)+f(n-2)$,其中 $f(n)$ 表示第 n 个月的兔子数。这个式子就是递推关系式。

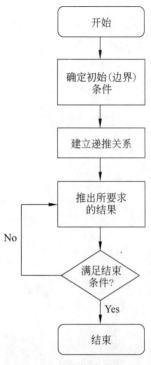

图 5.7　递推算法流程图

5.2.4　递归算法

递归就是子程序(或函数)直接调用自己或通过一系列调用语句间接调用自己的过程。

递归的两个基本要素如下。

(1) 边界条件:确定递归到何时终止,也称为递归出口。

(2) 递归模式:大问题是如何分解为小问题的,也称为递归体。

递归算法的步骤如下。

(1) 递推阶段:把较复杂问题(规模为 n)的求解推到比原问题简单一些的问题(规模小于 n)的求解。

(2) 回归阶段:当获得最简单情况的解后,逐级返回,依次得到稍复杂问题的解。

递归算法的流程如图 5.8 所示。

递归算法的典型实例即汉诺塔问题,描述如下。

有 n 个圆盘和 A、B、C 三根柱子,刚开始所有圆盘都在 A 柱子上,移动圆盘满足如下条件:①大圆盘不能放在小圆盘上;②一次只能移动一个圆盘,问至少移动几次才能将所有圆盘移动到 C 柱子上(可以借助 B 柱子)。

用递归方法来思考:将 n 个圆盘分为最后 1 个圆盘和上层 $n-1$ 个圆盘,先将上层 $n-1$ 个圆盘移到 B 上,再将最后 1 个圆盘移到 C 上,最后将上层 $n-1$ 个圆盘移到 C 即可。然后将上层 $n-1$ 个圆盘再分为上层 $n-2$ 个圆盘和最后 1 个圆盘,重复上述步骤……最后可将 n 层汉诺塔问题简化为两层汉诺塔问题,然后递归完成 n 层汉诺塔问题。

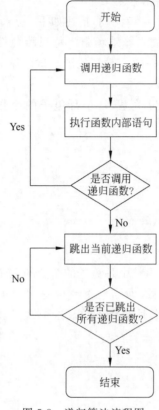

图 5.8　递归算法流程图

5.2.5　回溯算法

回溯算法类似于穷举法的思想,按照深度优先的顺序穷举所有可能性的算法。但是回溯算法比穷举法更高明的地方就是它可以随时判断当前状态是否符合问题的条件。一旦不符合条件,就退回到上一个状态,省去了继续往下探索的时间。满足回溯条件的某个状态的点称为"回溯点"。许多复杂的、规模较大的问题都可以使用回溯法,该方法有"通用解题方法"的美称。

回溯算法的步骤如下。

(1) 针对所给问题,定义问题的解空间,它至少包含问题的一个(最优)解。

(2) 确定易于搜索的解空间结构,使得能用回溯法方便地搜索整个解空间。

(3) 以深度优先的方式搜索解空间,并且在搜索过程中用剪枝函数(注:若把搜索过程看成是对一棵树的遍历,那么剪枝就是将树中的一些"死胡同"和不能满足需要的枝条解"剪"掉,以减少搜索的时间。用约束函数在扩展结点处剪去不满足条件的子树,和用限界函数剪去得不到最优解的子树,这两类函数统称为剪枝函数。采用剪枝函数可避免无效搜索,提高回溯法的搜索效率)避免无效搜索。

回溯算法的流程如图 5.9 所示。

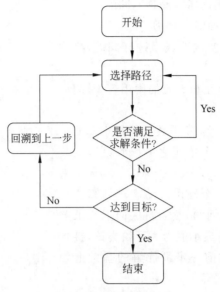

图 5.9　回溯算法流程图

回溯算法的典型实例即 n 皇后问题，描述如下。

$n \times n$ 格的棋盘上放置 n 个皇后，任何 2 个皇后不放在同一行、同一列或同一斜线上。问有多少种摆法。

用回溯算法来求解此问题：由于每行只能有一个皇后，第 1 行有 n 种可能，从第 1 行第 1 列开始，如果第 1 行第 1 列可以放置皇后，则找到下一行第 1 个能放置皇后的列。如果下一行没有符合条件的列，就返回上一行找到下一个可以放置皇后的列。遍历的行数等于 n，则获得一次结果。如果在第 1 行也找不到能放置皇后的列，则查找结束。使用回溯法时，当一条路可以前进时，就一直前进，行不通则退回上一步，以此类推。

5.2.6　动态规划算法

动态规划算法，要求问题具有最优子结构，是一种自底向上的求解思路。该算法将待求解的问题分解为若干子问题（阶段），按顺序求解子阶段，前一子问题的解为后一子问题的求解提供了有用的信息。求解任一子问题时，列出各种可能的局部解，通过决策保留那些有可能达到最优的局部解，丢弃其他局部解。依次解决各子问题，最后一个子问题就是初始问题的解。

动态规划算法的步骤如下。

（1）将问题按时空特性恰当地划分为若干阶段，定义最优指标函数，写出满足最优指标函数的表达式，以及边界/端点条件。

（2）求解时从边界条件开始，逐段递推寻最优解。在每一个子问题求解时，都要使用它前面已求出的子问题的最优结果。最后一个子问题的最优解，就是整个问题的最优解。

(3) 动态规划方法每阶段的最优决策选取是从全局考虑的,与该阶段的最优选择一般是不同的。

动态规划算法的流程如图 5.10 所示。

动态规划算法的典型实例即钱币选择问题,描述如下。

如果有面值为 1 元、3 元和 5 元的硬币若干,问如何用最少的硬币凑够 11 元。

用动态规划方法来思考:硬币数目的最小单元是 1、3、5,凑一次必须使用三个单元之一。假设钱的数目为 m,则 $m = 1 * x + 3 * y + 5 * z$,求 $d(m) = n$ 来表示凑够 m 元最少需要 n 个硬币。动态规划算法是把原始问题分解为若干子问题,然后自底向上来求解当前最优解。所以从 m 的最小值为 0 开始尝试,接着 $m = 1, 2, 3, \cdots, 11$,每次在前一步最优解的基础上处理,最后得到的解就是最优解。

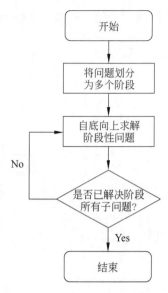

图 5.10　动态规划算法的流程图

5.3　排 序 算 法

在生活中,需要将数字按序排列的例子很多,例如按照身高顺序排队、按照考试成绩排名次等。排序看似简单,背后却隐藏着多种多样的算法。以下主要介绍冒泡排序、选择排序、快速排序算法。

5.3.1　冒泡排序

冒泡排序就是重复访问待排序数列,在每一轮访问中,依次比较两个相邻元素,逆序时就交换,重复进行,直到没有交换元素为止。这个过程中,元素会像泡泡一样,从大到小慢慢"冒"出来。

冒泡排序的思路如下。

(1) 比较相邻的元素,如果前一个比后一个大,就交换它们两个的位置。否则不做任何操作。

(2) 对每一对相邻元素做同样的工作,从开始第一对到结尾的最后一对,这一轮做完后,最大的元素就"冒"出来了。

(3) 开始下一轮处理,对刚"冒"出来元素之前的所有元素,重复以上的步骤(1)和(2)。

(4) 直到所有元素都"冒"出来了,没有需要比较的元素了,结束排序。

对于一组数:4、1、3、6、2、5,冒泡排序法的一轮排序过程如图 5.11 所示。首先比较第一对元素 4 和 1,前一个元素 4 比后一个元素 1 大,4 和 1 交换;接着比较元素 4 和 3,前

一个元素 4 比后一个元素 3 大,4 和 3 交换;接着比较 4 和 6,前一个元素 4 比后一个元素
6 小,不需要做任何操作;接着比较 6 和 2,6 比 2 大,6 和 2 交换;然后 6 和 5 比较,6 比 5
大,交换。第一轮比较结束,最大的元素 6 就"冒"出来了。总共有 6 个元素,处理 5(6-1)
轮,就得到了从小到大排序的数列。

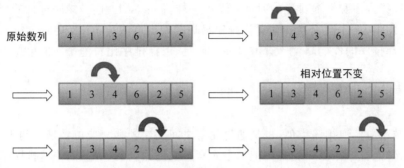

图 5.11　冒泡排序示意图

由于该排序算法的每一轮都要遍历所有元素,总共遍历(元素数量-1)轮,所以平均
时间复杂度是 $O(n^2)$。

5.3.2　选择排序

选择排序是一种简单直观的排序算法,每次在未排序数列中选择最小元素和最大元
素交换。它的工作原理如下。

(1) 在序列中找到最小元素,放到序列的起始位置,作为已排序序列。

(2) 从剩余未排序的元素中继续寻找最小元素,放到已排序序列的末尾。

(3) 以此类推,直到所有元素均排序完毕。

对于一组数:7、4、5、9、8、2、1,选择排序法的
排序过程如图 5.12 所示。首先找到最小元素 1,
和序列第一个元素 7 交换,1 就放到序列的最前
面;然后在剩下的未排序数列中找到最小元素 2,
和未排序序列的第一个元素 4 交换,2 就放在 1 的
后面了;接着在剩下的未排序数列中找到最小元
素 4,和未排序序列的第一个元素 5 交换,4 就放
在 2 后面了,以此类推,最后就得到从小到大排序
的数列了。

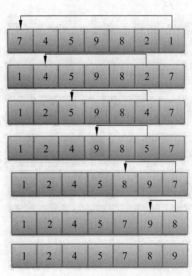

选择排序与冒泡排序的区别如下。

冒泡排序通过依次交换相邻两个顺序不正确
的元素位置,将当前最小元素放到合适的位置;而
选择排序每遍历一次都记住了当前最小元素的位
置,最后仅需一次交换操作即可将其放到合适的

图 5.12　选择排序示意图

位置。

由于选择排序的主要时间都花在比较上，第一次内循环比较 $n-1$ 次，然后是 $n-2$ 次，$n-3$ 次……最后一次内循环比较 1 次。其比较的总次数是 $(n-1)+(n-2)+\cdots+1$，得到 $(n-1+1)*n/2=n^2/2$。舍去最高项系数，其时间复杂度为 $O(n^2)$。

虽然选择排序和冒泡排序的时间复杂度一样，但实际上，选择排序进行的交换操作很少，最多会发生 $n-1$ 次交换。而冒泡排序最坏的情况要发生 $n^2/2$ 交换操作。从这个意义上讲，选择排序的性能略优于冒泡排序。而且，选择排序比冒泡排序的思想更加直观。

5.3.3 快速排序

快速排序与冒泡排序类似，也是通过元素之间的比较和交换位置来达到排序的目的。不同的是，冒泡排序在每一轮中只把 1 个元素冒泡到数列的一端，而快速排序则在每一轮挑选一个基准元素，并让其他比它大的元素移动到数列一边，比它小的元素移动到数列的另一边，从而把数列拆解成两个部分。快速排序的基本思想如下。

（1）通过一趟排序，将要排序的数据分割成独立的两部分，其中一部分的所有数据都比另外一部分的所有数据要小。

（2）再按此方法对这两部分数据分别进行快速排序，整个排序过程可以递归进行。这样整个数据变成有序序列。

对于一组数：44、75、23、43、55、12、64、77、33，快速排序法的排序过程如图 5.13 所示。首先以数列第一个元素 44 为基准元素，后面每个元素和它比较，比它小的放在它左边，比它大的放在它右边，这样以 44 为界限，数列分成左右两部分。接着对左边的序列，选择第一个元素 23 为基准元素，比它小的放在它左边，比它大的放在它右边；对右边的序列，也选择第一个元素 55 为基准元素，做相同的处理。以此类推，直到不能再分为止。此时，数列已成为有序数列。

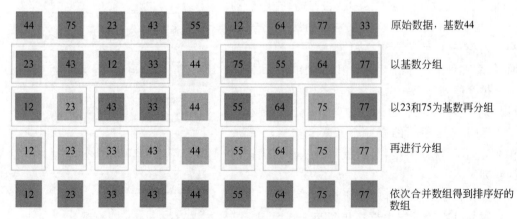

图 5.13 快速排序示意图

数列在每一轮都被拆分成两部分，每一部分在下一轮又分别被拆分成两部分，直到不可再分为止。每一轮的比较和交换，需要把数列全部元素都遍历一遍，时间复杂度是

$O(n)$。这样的遍历一共需要多少轮呢？假如元素个数是 n，那么平均情况下需要 $\log_2 n$ 轮，因此快速排序算法总体的平均时间复杂度是 $O(n\log_2 n)$。

5.4 查 找 算 法

查找算法是指根据给定的某个值，在查找表中确定一个关键字等于给定值的数据元素（或记录）。以下主要介绍顺序查找、二分查找和插值查找。

5.4.1 顺序查找

顺序查找适合于存储结构为顺序存储或链接存储的线性表。

顺序查找也称为线性查找，属于无序查找算法。从数据结构线性表的一端开始顺序扫描，依次将扫描到的结点关键字与给定值相比较，若相等，则表示查找成功；若扫描结束仍没有找到关键字等于给定值的结点，表示查找失败。

在一个数列 $a=[44,75,23,43,55,12,64,77,33]$ 中查找 55 的顺序查找法如图 5.14 所示。假设通过索引序号来标记元素，比如第一个元素为 $a[0]$，对应值是 44，第二个元素为 $a[1]$，对应值是 75，以此类推。其中 $a[i]$ 的 i 称为索引序号。在数列 a 中查找 55，从第一个元素 $a[0]$ 开始比较，44 不等于 55，继续向下寻找 $a[1]$，依旧不等于 55……直到找到索引序号为 4 处，$a[4]=55$，则查找成功。

图 5.14　顺序查找示意图

5.4.2 二分查找

二分查找算法即一分为二的方法。在一个完整的区间或空间中，通过每次搜索可以抛弃一半的值来缩小范围，执行多次，直至寻找到目标物的准确位置。

用二分法查找时，被查找数列必须是有序的，如果是无序的，则要先进行排序操作。

二分查找算法的思路如下。

（1）从数列的中间元素开始搜索，如果该元素正好是目标元素，则搜索过程结束，否则执行下一步。

（2）如果目标元素的值大于中间元素，则在大于中间元素的那一半区域查找；如果目标元素的值小于中间元素，则在小于中间元素的那一半区域查找，然后重复步骤（1）的操作。

（3）如果某一步数列为空，则表示找不到目标元素。

在数列 a=[12,23,33,43,44,45,64,77,88]中查找 33 的二分查找过程如图 5.15 所示。

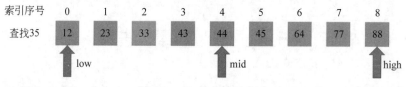

图 5.15　二分查找示意图

二分查找先确定查找点,计算公式为 mid=(low+high)/2,其中 mid 表示要查找数的索引序号,low 表示待查找范围最小数的索引序号,high 表示待查找范围最大数的索引序号。如图 5.15 所示,最开始查找时,low 是数列第一个元素的索引序号 0,high 是数列最后一个元素的索引序号 8,根据公式可计算第一次查找的元素索引序号为 mid=(0+8)/2=4。a[4]的值 44 大于 33,于是将 high 的值调整为 mid−1=3,low 的值不变。计算第二次查找元素的索引序号 mid=(0+3)/2,mid 舍去小数部分取整后的值为 1。a[1]的值 23 小于 33,于是将 low 的值调整为 mid+1=2,计算第三次查找元素的索引序号 mid=(2+3)/2,mid 舍去小数部分取整后的值为 2。a[2]值为 33,查找成功。

二分法算法简单,计算量适中,适用于在有序的数列中查找某个数。

5.4.3　插值查找

在介绍插值查找之前,首先考虑一个问题,为什么上述算法一定要是折半,而不是折四分之一或者折更多呢? 比如,在英文字典里面查 apple,是翻字典前面的书页还是后面的书页呢? 如果再查 zoo,又怎么查? 很显然,我们绝对不会是从中间开始查起。同样,如果要在 100 个有序正整数数列中查找数字 5,我们会考虑从数列的开始处查找,而不是折半查找。

二分查找中的查找点是固定的,计算公式为 mid=(low+high)/2,不够灵活。设定在数列 a 中要查找元素 key,将查找点改进为 mid=low+(key−a[low])/(a[high]−a[low])*(high−low),其中 mid、low 和 high 表示的意思和二分查找相同。也就是根据 key 在整个有序数列中所处的位置,让 mid 的位置更靠近 key,当 key 较小时,查找范围会落在左边较小的范围内匹配,当 key 较大时,查找范围会落在右边较大的范围内匹配,自适应调整查找的区间范围。这样就减少了比较次数。

假设有这样一个数列[0,5,10,15,20,25,30,35,40,45],每相邻元素间的差都为 5,满足均匀分布条件。如果要查找元素 30,可以首先计算数组中小于等于 30 的元素占所有元素的比例的期望值 $p=\dfrac{30-0}{45-0}=\dfrac{2}{3}$,而数组的长度 n 等于 10,所以期望查找的索引序号 mid 就为 $n×p$ 的结果取整(舍去小数部分),值为 6,对应的元素为 30,恰好就是要找的元素。这样,用二分法需要查找 3 次,改用插值查找只需查找 1 次,大大提高了查找效率。

计算思维与 Python 编程基础(微课版)

插值查找的步骤与二分查找算法相同,只是将查找点的选择改进为自适应选择,提高查找效率。插值查找实际上是二分查找的改良版。对于元素多且关键字分布比较均匀的数列来说,插值查找的性能比二分查找要好很多。反之,如果数列中的元素分布不均匀,插值查找就不太适合。

5.5 本章小结

本章介绍了算法的基本定义和特征,以及算法的描述方法和评价方式,介绍了几种基本算法的解题思路,给出经典实例。详细分析了数据结构中排序和查找算法的逻辑思路,帮助读者通过算法更好地理解和体会计算思维。本章的思维导图如图 5.16 所示。

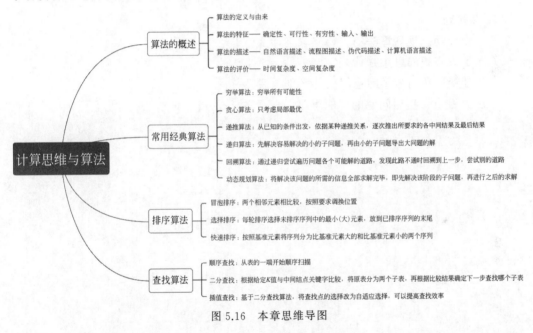

图 5.16 本章思维导图

5.6 习 题

1. 单选题

(1) 下列说法正确的是(   )。

    A. 算法就是对某个问题的解答

    B. 算法执行后可以产生不同的结论

    C. 解决某一个具体问题,算法不同,所得的结果不同

    D. 算法执行步骤的次数不可以很大,否则无法实施

（2）算法的有限性是指（　　）。

    A. 算法的步骤必须有限

    B. 算法的最后必须包括输出

    C. 算法的每个操作步骤都是可执行的

    D. 以上说法都不正确

（3）下面是贪心算法的基本要素的是（　　）。

    A. 重叠子问题　　　　　　　　　　B. 构造最优解

    C. 贪心选择性质　　　　　　　　　D. 定义最优解

（4）动态规划算法的设计思想是（　　）。

    A. 自底向上　　　　　　　　　　　B. 自上而下

    C. 从左到右　　　　　　　　　　　D. 从右到左

2. 简答题

（1）设计动态规划算法的主要步骤是什么？

（2）二分查找的思想是什么？

（3）谈谈算法与数学问题解法的区别与联系。

（4）谈一谈 n 皇后问题的解题思路。

下篇

Python 编程基础

第 6 章 Python 绘图

计算机是笨拙的,没有程序输入,它们不会自动完成任务。代码是一组指令集合,不仅告诉计算机要做什么,而且告诉它如何去做。因此,学会如何编写代码,可以将计算机的能力控制在你的指间。很多人有个误区,认为编程很难学。事实上,编程不是一件很难的事,因为编写程序有一定的框架和模式,只要理解了这些模式,稍加练习就能很容易编写出功能各异的程序。计算机程序使用诸如 Python、C++、C 或 JavaScript 等不同形式的编程语言来编写。本书选择讲解 Python 语言,因为它是一种简单而强大的编程语言。从 Web 站点到科学工作的工具,从简单的脚本到视频游戏,都有 Python 的身影。

6.1 走近 Python

6.1.1 认识 Python

Python 于 20 世纪 80 年代末由荷兰人 Guido van Rossum 设计实现。他后来就职于谷歌公司。据说在他给公司的简历里面只有简单的 3 个单词"I wrote Python"。

1991 年,Rossum 公布了 0.9.0 版本的 Python 源代码,此版本已经实现了类、函数以及列表、字典和字符串等基本的数据类型。

1994 年,Python 1.0 发布。该版本新增了函数工具。本书第 9 章将介绍函数式编程。

2000 年 10 月,Python 2.0 正式发布,解决了其解释器和运行环境中的诸多问题,标志着 Python 进入了广泛应用的新时代。

2008 年 12 月,Python 3.0 正式发布,该版本在语法层面和解释器内部做了很多重大改进,并且 3.x 系列版本代码无法向下兼容 2.0 系列的既有语法。因此,所有基于 Python 2.x 系列版本编写的库函数都必须修改后才能被 Python 3.0 系列解释器运行。

经过多年的发展,Python 已经成为非常流行的程序开发语言。其特点如下。

(1) 简单易学。Python 语言简洁,语法也很简单。

(2) 开源免费。用户可以免费获取 Python 的发布版本,阅读甚至修改源代码。

(3) 高可扩展性。Python 可以集成 C、C++、Java 等语言编写的代码,通过良好的语法和执行扩展接口整合各类代码。

（4）强制可读。Python 语言通过强制缩进来体现语句的逻辑关系，显著提高了可读性。

（5）与平台无关。作为脚本语言，Python 程序可以在任何安装解释器的计算机环境中执行。

（6）支持中文。Python 3.0 解释器采用 UTF-8 编码表示所有字符信息。UTF-8 编码可以表达英文、中文、韩文、法文等各类语言。Python 程序处理中文时更加灵活且高效。

（7）类库丰富。Python 3.0 解释器提供了几百个内置类和函数库，此外，开源社区也提供了十几万个第三方函数库，几乎涵盖了计算机技术的各个领域。编写 Python 程序可以大量利用已有的内置或第三方代码。

要在计算机上使用 Python，需要经过以下 3 个步骤。

第一步：下载 Python。

第二步：在计算机上安装 Python。

第三步：使用 Hello 程序测试 Python。

6.1.2 安装 Python

Python 语言解释器是最基本的 Python 软件，它能把 Python 程序翻译为底层的机器语言。

1. 下载 Python

Python 语言解释器可以在 Python 官网上下载，官网界面如图 6.1 所示，网址如下。
https://www.python.org/。

图 6.1　Python 官网界面

进入 Downloads 界面，根据所使用的操作系统版本选择对应的 Python 系列安装程序。如果所使用的计算机是 Windows 系统，选择对应的版本进入图 6.2 所示界面下载。

　计算思维与 Python 编程基础(微课版)

图 6.2　Windows 系统对应的 Python 下载页面

2. 安装 Python

双击所下载的程序,安装 Python 解释器,然后启动一个图 6.3 所示的引导界面,在该页面中勾选 Add Python 3.9 to PATH,单击箭头所示 Customize installation,设置安装路径,然后安装即可。

图 6.3　安装程序引导过程的启动界面

Python 安装包会在系统中安装一批与 Python 开发和运行相关的程序,其中用到最多的是 Python 命令行和 Python 集成开发环境(IDLE)。

6.1.3　运行 Python

运行 Python 程序有两种方式:交互式和文件式。

(1) 交互式指 Python 解释器即时响应用户输入的每条代码,给出输出结果。

（2）文件式指用户将 Python 程序写在一个或多个文件中，然后启动 Python 解释器，批量执行文件中的代码。

交互式一般用于调试少量代码，文件式则是最常用的编程方式。其他编程语言通常只有文件执行方式。

下面以 Windows 操作系统下的 Hello 程序为例，举例说明两种方式的启动和执行。

1. 交互式启动方式

交互式有两种启动和运行方式。

1）命令行启动

第一种方法，启动 Windows 操作系统的命令行工具。在图 6.4 所示的搜索窗口（箭头处）处输入 cmd，然后按 Enter 键，就进入了 Windows 命令行窗口。

图 6.4　Windows 操作系统的搜索窗口

命令行窗口如图 6.5 所示，在第 1 个箭头处输入 python（英文输入状态下）并按 Enter 键，出现提示信息。在出现 Python 提示符"＞＞＞"处（第 2 个箭头处）可以输入 Python 的代码。

图 6.5　从命令行窗口进入

　计算思维与 Python 编程基础（微课版）

如图 6.6 所示,在箭头处输入 print("Hello")。按 Enter 键后显示输出结果"Hello"。

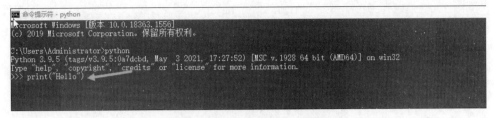

图 6.6　命令行窗口的输入和输出

在提示符"＞＞＞"后输入 exit()或者 quit(),可以退出 Python 环境。

2) IDLE 启动

IDLE 是 Python 软件包自带的集成开发环境,如图 6.7 所示。在 Windows"开始"列表中找到 Python 文件夹,找到 IDLE,双击启动进入,出现图 6.8 所示的界面。

图 6.7　IDLE 启动路径

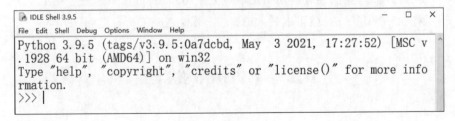

图 6.8　IDLE 界面

在 Python 提示符"＞＞＞"后输入 print("Hello"),按 Enter 键,输出结果。图 6.9 所示"＞＞＞"后面是输入内容,下一行是输出内容。

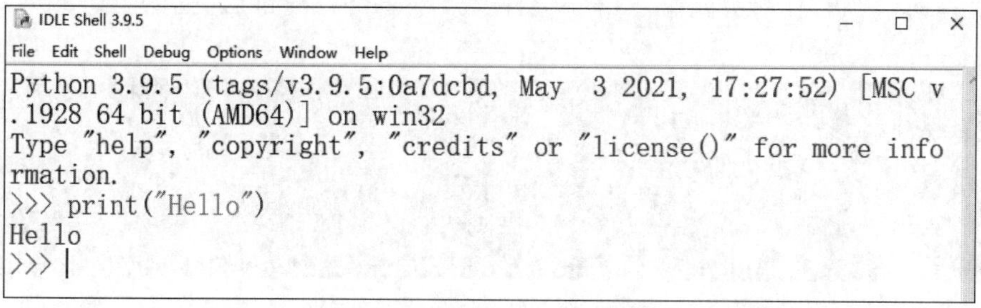

图 6.9　通过 IDLE 交互式编写并运行 Python 程序

2. 文件式启动方式

打开 IDLE,在菜单中选择 File→New File 选项,弹出一个新窗口,如图 6.10 所示。它是具备 Python 语法高亮辅助的编辑器,可以进行代码编辑。在其中输入程序内容,保存为 1.py,然后按快捷键 F5,或在菜单中选择 Run→Run Module F5 选项运行该文件。如图 6.11 所示,在 IDLE Shell 中显示输出结果。

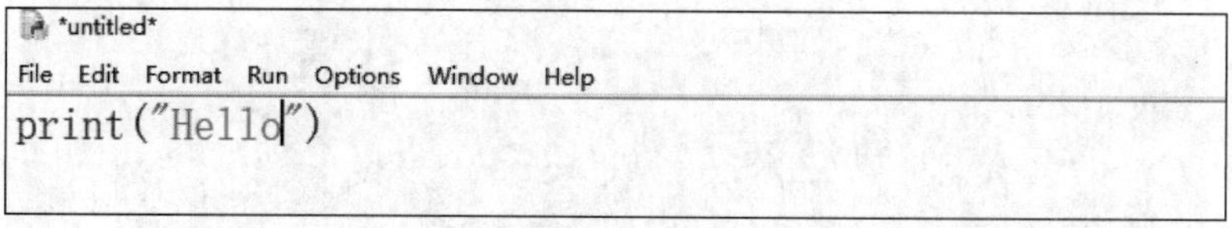

图 6.10　通过 IDLE 文件式编写并运行 Python 程序

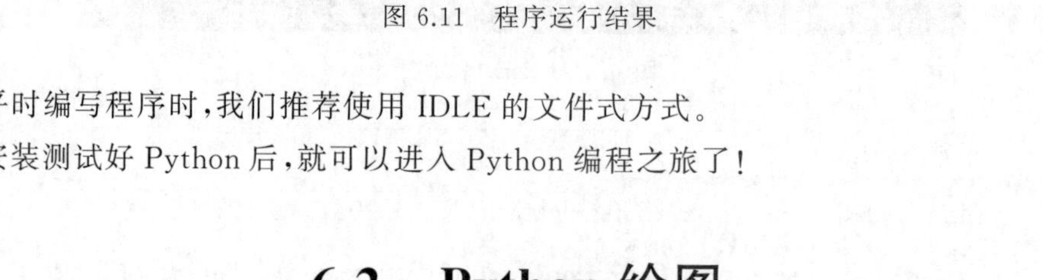

图 6.11　程序运行结果

平时编写程序时,我们推荐使用 IDLE 的文件式方式。

安装测试好 Python 后,就可以进入 Python 编程之旅了!

6.2　Python 绘图

turtle 库是 Python 语言中一个流行的绘制图形的函数库,初学者比较容易理解和掌握。turtle(海龟)图形绘制的概念诞生于 1969 年,并成功应用于 LOGO 编程语言。由于 turtle 图形绘制十分直观且容易上手,Python 接受了这个理念,形成了一个 Python 的

————————计算思维与 Python 编程基础(微课版)

turtle库,并成为标准库之一。用turtle绘图时,可以想象一个小海龟带着一支钢笔,在爬行的路径上留下轨迹。小海龟是从一个横轴为x、纵轴为y的坐标系原点(0,0)位置开始,根据一组程序代码的控制在这个平面坐标系中移动。

6.2.1 turtle库语法元素分析

用turtle库绘制图形的基本框架是:一个小海龟在坐标系中爬行,其爬行轨迹形成了绘制的图形。对于小海龟来说,有"前进""后退""旋转"等多种爬行行为。对方向的调整,也是通过"前进方向""后退方向""左侧方向""右侧方向"等小海龟自身角度方位来实现的。下面介绍基本的海龟绘图turtle库函数。

1. 画布设置函数

画布就是turtle中用于绘图的矩形区域,可以设置它的大小和初始位置,如表6.1所示。

表6.1　画布设置函数

函　　数	说　　明
turtle.setup(width,height,startx,starty)	设置画布(主窗体)的大小和位置。 width,height:画布的宽和高; startx,starty:表示画布左上角顶点的位置,默认状态时,画布位于屏幕中心

2. 画笔函数

1) 画笔运动函数

在画布上,默认有一个坐标原点为画布中心的坐标系,坐标原点上有一只面朝x轴正方向的小海龟(即画笔)。刚开始绘制时,小海龟位于画布正中央,此处的坐标为(0,0),行进方向为水平向右。绘图过程就是使用画笔运动函数来描述小海龟的状态。表6.2所示为常见的控制画笔运动的位置和方向的函数。

表6.2　常见的画笔运动函数

函　　数	说　　明
turtle.forward(distance)	向当前画笔行进方向移动distance像素
turtle.backward(distance)	向当前画笔相反方向移动distance像素
turtle.right(degree)	顺时针转动degree角度
turtle.left(degree)	逆时针转动degree角度
turtle.pendown()	落下画笔,之后移动画笔将绘制形状
turtle.goto(x,y)	将画笔移动到坐标为(x,y)的位置

函　数	说　明
turtle.penup()	抬起画笔,之后移动画笔不绘制形状
turtle.circle()	画圆,半径为正(负),表示圆心在画笔的左边(右边)画圆
turtle.seth(angle)	改变画笔绘制方向为 angle,该角度是绝对方向角度值

2)画笔控制函数

如表 6.3 所示,设置画笔属性以及控制画笔状态。

表 6.3　画笔控制函数

函　数	说　明
turtle.pensize()	设置画笔大小,默认时返回当前画笔大小
turtle.pencolor()	设置画笔颜色

6.2.2　绘制正多边形

利用 turtle 库先来绘制一个简单形状,以五边形为例,程序代码如下。

```
1  #五边形绘制
2  import turtle
3  turtle.setup(800,800)
4  turtle.pensize(1)
5  turtle.pencolor("blue")
6  for i in range(5):
7      turtle.fd(100)
8      turtle.right(72)
```

运行后的输出效果如图 6.12 所示,该程序代码的每一行解释如下。

图 6.12　五边形的绘制效果

第 1 行:对程序含义进行注释。注释一般以一个♯号开头。注释只是写出程序是做什么的。计算机不会阅读或试图理解♯号之后的任何内容。

第 2 行:导入 turtle 库。turtle 库是 Python 的内部库,使用 import 命令导入即可。库即是可重用代码的一个集合。输入 import turtle 后,程序就能够直接使用 turtle 库里的函数,而不需要重新定义。图 6.12 中的小的黑色箭头就表示小海龟,它在屏幕上的移动相当于利用画笔绘图。

第 3 行:设置画布大小。设置绘图区域为宽 800 像素、高 800 像素,位于屏幕中心。
第 4 行:设置画笔大小。设置画笔大小为 1 像素。

第 5 行：设置画笔颜色为蓝色。

第 6 行：创建了一个 for 循环，循环主体是下面缩进的第 7 行和第 8 行，完成五条边的绘制。

缩进：Python 语言中采用严格的"缩进"来表明程序的格式框架。缩进指每一行代码开始前的空白区域，用来表示代码之间的包含和层次关系。缩进的空白数量是可变的，但是所有代码块语句必须严格执行包含相同的缩进空白数量。建议采用 4 个空格方式书写代码，或者一个 Tab 键缩进。

for 循环：也称"遍历循环"，是指一次又一次地重复执行缩进的代码行。循环次数是通过设置了变量 i 的一个范围 range 函数或列表来实现。for i in range(5) 的意思是从 range(5) 生成的数列 0、1、2、3、4 中遍历取出每一个数，赋值给 i，然后判断 i 是否在 range(5) 生成的数列里，如果是，就执行缩进的第 7 行和第 8 行的循环主体。因此，i 从 0 开始，变为 1，然后是 2，以此类推，直到 4，一共经历 5 次重复。

range(5)：产生从 0 开始到 5（不含 5）的所有整数数列，即 0、1、2、3、4。

第 7 行：控制画笔的移动距离，即五边形的边长为 100 像素。

第 8 行：控制画笔顺时针旋转角度为 72°，即正五边形的外角角度为 72°。

通过解析正五边形的实例，可以按照同样的思路来绘制正三角形、正四边形、正六边形，因为正多边形的外角和都是 360°，即每个外角的度数＝360°/正多边形的边数。

例如，绘制正六边形的程序代码如下。

```
import turtle
turtle.setup(800,800)
turtle.pensize(1)
turtle.pencolor("blue")
for i in range(6):
    turtle.fd(100)
    turtle.right(60)
```

运行后的输出效果如图 6.13 所示。

观察上述代码，只是更改了 i 的范围为 0～5，更改了画笔顺时针旋转角度为 60°。有没有一种办法，可以只写一次代码，就可以绘制不同的正多边形？

答案是肯定的。

通过分析可知，绘制正多边形的步骤都是相同的，改变的只是循环的次数和画笔旋转的角度，并且有如下规律。

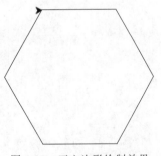

图 6.13　正六边形绘制效果

　　　　循环的次数＝正多边形的边数
　　　　旋转的角度＝360/正多边形的边数

可以编写如下代码来绘制正多边形。利用输入变量来自定义边长和多边形的边数，从而绘制各种多边形。代码如下。

```
1    # 正多边形绘制
```

```
2    a=int(input("请输入边长："))
3    b=int(input("请输入边长数："))
4    import turtle
5    turtle.setup(800,800)
6    turtle.pensize(1)
7    turtle.pencolor("blue")
8    for i in range(b):
9        turtle.fd(a)
10       turtle.right(360/b)
```

第 2 行：定义变量 a，将输入的字符串转化为边长数字形式。

变量：Python 采用变量来保存数据，变量必须取个名字。命名用于保证程序元素的唯一性。Python 允许采用大写字母、小写字母、数字、下画线和汉字等字符及其组合给变量命名，但名字的首字母不能是数字，中间不能出现空格，对长度没有限制。一般来说，可以给变量选择任何喜欢的名字，但这些名字不能与 Python 的保留字相同。Python 3.x 版本共有 33 个保留字，比如 if 和 for。Python 对大小写敏感，sum 和 Sum 表示不同的名字。

input()函数：无论输入什么内容，input()都以字符串类型返回结果。也就是不管输入的是数字还是字符，程序都当成字符串处理。如果输入的数字要做加、减、乘、除运算，就需要转换成整数类型或浮点数类型。input()函数里带引号的参数仅仅是提示性文字，无其他功能。

int()：将字符串类型转换成整型，就可以参与 Python 语句中的数字运算了。

"="是赋值符号，表示把右边的数值赋给左边的变量。$a=3$ 表示把数值 3 赋值给变量 a，以后 a 的值就是 3。$a=int(input("请输入边长：   "))$ 表示把输入的字符串转换成整数后再赋值给变量 a。

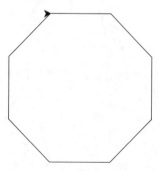

第 3 行：定义变量 b，将输入的字符串转化为边长数的数字形式。

其他行的解释可以参考上面的正五边形分析。

运行该程序，需要先输入边长和边长数，代码如下。

请输入边长：100
请输入边长数：8

输入边长和边长数，就可以得到图 6.14 所示的输出图形。

思考：如果是五角星、六角星，该如何修改参数绘制呢？

图 6.14　正八边形绘制效果

6.2.3　绘制正多边形花

正多边形花，就是把正多边形作为一个"花瓣"的基本图形，不断重复旋转拼成的图，这些图看上去就像一朵花，美极了。

分析：正多边形是最基本的花瓣，不断重复可以用循环来实现，花瓣围绕着中心点不断重复绘制，并且旋转，就组合成一个正多边形之花。

输入：正多边形边长、边长数、花瓣数。

过程：设置画板、笔刷，绘制正多边形，重复绘制，旋转。

输出：正多边形之花。

根据上述思路，绘制钻石花的程序代码如下。

```python
a=int(input("请输入边长： "))
b=int(input("请输入边长数： "))
c=int(input("请输入花瓣数： "))
import turtle
turtle.setup(800,800)
turtle.pensize(1)
turtle.pencolor("blue")
for i in range(c):
    for i in range(b):
        turtle.fd(a)
        turtle.right(360/b)
    turtle.right(360/c)
```

运行代码后，需要输入如下数据。

```
请输入边长：100
请输入边长数：5
请输入花瓣数：8
```

程序运行后输出的钻石花图形如图 6.15 所示。

尝试着输入不同的 a、b、c 变量值，可以输出不同的图形。如果要得到如图 6.16 和图 6.17 所示，不同的正多边形花，对应的 a、b、c 值分别是多少？

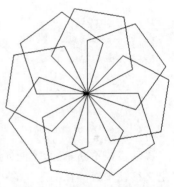

图 6.15　正五边形花绘制输出

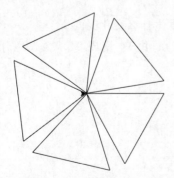

图 6.16　正多边形花绘制效果 1

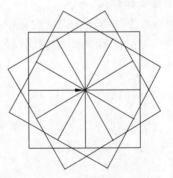

图 6.17　正多边形花绘制效果 2

思考：中心花瓣现在是一个简单的形状，如果是组合的图，比如将正方形和三角形的组合图看作花瓣，将花瓣围绕一个中心重复旋转，会得到一个什么样的图形呢？

6.3 Python 绘图实例

6.3.1 绘制美丽的螺旋花

螺旋花,顾名思义就是由螺旋构成的图案,那么如何来绘制螺旋图形呢?

分析:移动步数,旋转一定角度;移动步数累加,再旋转一定角度。利用循环不断重复以上动作,图形向外不断扩大,最终整体就形成了螺旋图。

输入:无须输入。

过程:设置画板、画笔,重复移动步数,旋转角度为 90°。

输出:图 6.18 所示的正方形螺旋线。

程序代码如下。

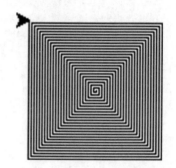

图 6.18 正方形螺旋线绘制效果

```python
import turtle
turtle.setup(800,800)
turtle.pensize(1)
turtle.pencolor("blue")
for i in range(100):
    turtle.fd(i)
    turtle.right(90)
```

移动步数不断累加,才能使图像不断扩大。此时,可以通过变量 i(角度旋转的次数)来定义移动步数。在上述代码中,i 值有两层含义:一是代表螺旋线旋转的次数;二是代表每一次移动的步数。

1. 变换旋转角度

如果修改上述程序代码里的其中一个数值,会发生什么变化呢?

将最后一行代码中的顺时针旋转角度增加一点点(由 90 变成 91),会发生什么变化呢?代码如下。

```python
import turtle
turtle.setup(800,800)
turtle.pensize(1)
turtle.pencolor("blue")
for i in range(100):
    turtle.fd(i)
    turtle.right(91)
```

运行输出图形如图 6.19 所示。每次只是顺时针多旋转 1°,就会将正方形略微向外抛出一点点,随着循环变量 i 的累加,向外扩大的角度就越来越大,从而得到一个不再像正方形的螺旋线图形。

如果尝试着改变旋转角度为 72°，得到图 6.20 所示的正五边形螺旋图形。更改旋转角度为 55°，得到图 6.21 所示的输出图形。更改角度为 36°，可以得到图 6.22 所示的输出图形。

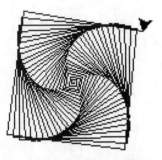

图 6.19　螺旋线图形绘制输出

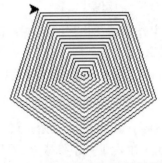

图 6.20　正五边形螺旋图形绘制效果

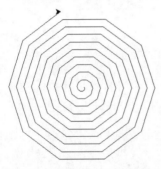

图 6.21　螺旋图形 2 绘制效果

图 6.22　螺旋图形 3 绘制效果

思考：改变螺旋图形形态的主要参数是移动步数和旋转角度，那么怎样可以让移动步数和旋转角度丰富呢？

2. 改变移动步数

1）圆螺旋

上一节中，移动步数主要是通过 turtle.fd() 来实现，它的含义是向前移动 x 个像素，并且绘制一条笔直的线段。将 turtle.fd() 改为 turtle.circle()，让程序在当前位置绘制一个半径为 x 的圆，会得到一个什么样的图形呢？

程序代码如下。

```python
import turtle
turtle.setup(800,800)
turtle.pensize(1)
turtle.pencolor("blue")
for i in range(100):
    turtle.circle(i)
    turtle.right(90)
```

运行后,输出图 6.23 所示的图形。看起来,圆形螺旋线比正方形螺旋线要大一些,实际上,圆形螺旋线图形大约是正方形螺旋线图形的 2 倍那么大。这是因为 i 作为圆的半径,是圆心到边缘的距离,大概是圆宽度的一半。因此,圆螺旋线看上去是正方形螺旋线两倍的大小,图案看上去也就加倍酷了。

2)间距增大的螺旋

如果想让螺旋线层次之间的间距增大,每次移动增加的步数就需要不断变化,变量 i 的累加值就需要变化,利用 range 函数里的步长参数可以实现。

Python 语言中 range()函数的说明如下。

```
range(start,stop,step)
```

(1) start:计数从 start 开始。默认是从 0 开始。例如,range(5)等价于 range(0,5)。

(2) stop:计数到 stop 结束,但不包括 stop。例如,range(0,5)表示数列 0、1、2、3、4,没有 5。

(3) step:设置步长,默认为 1。例如,range(0,5)等价于 range(0,5,1)。

程序代码如下。

```
import turtle
turtle.setup(800,800)
turtle.pensize(1)
turtle.pencolor("blue")
for i in range(1,200,5):
    turtle.fd(i)
    turtle.right(90)
```

运行后,输出图 6.24 所示的图形,螺旋层次之间的间距明显增大。

图 6.23　圆螺旋图形绘制效果

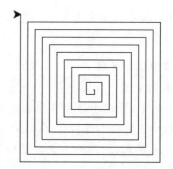

图 6.24　间距增大的正方形螺旋线

3. 将移动路径更改为形状

上述绘制的螺旋线,移动的步数都是固定的步数,移动路径是直线或圆形。如果将移动路径更改为 6.2.2 节绘制的多边形,又会得到什么样的图形呢?

将 for 循环里的 turtle.fd()替换为绘制正多边形的一串代码,将旋转角度更改为 10°,移动步数每次增加 3。代码如下。

```
import turtle
turtle.setup(800,800)
turtle.pensize(1)
turtle.pencolor("blue")
for i in range(1,185,3):
    for j in range(3):
        turtle.fd(i)
        turtle.right(120)
    turtle.right(10)
```

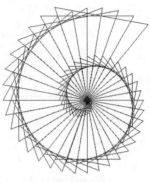

运行完成后,可以得到图6.25所示的"海螺花"。

按照上述分析思路更改程序中的参数,拓展任何一边、一角,都可以得到各种美丽的螺旋图。代码的神奇之处大概就在这里吧!

图6.25　海螺花绘制效果

6.3.2　绘制多彩花

实例中绘制的花朵形状都很美丽,如果能够更加多彩一些,是不是更酷呢?

在绘制正方形螺旋线的代码中,turtle.pencolor("blue")已经将钢笔颜色设置为蓝色,如果将blue替换为其他颜色,并且希望每一边都显示一种不同的颜色,将单色的螺旋线变成4色的螺旋线,该如何修改程序呢?

程序代码如下。

```
1    import turtle
2    turtle.setup(800,800)
3    turtle.pensize(1)
4    colors=["red","yellow","blue","green"]
5    for i in range(100):
6        turtle.pencolor(colors[i%4])
7        turtle.fd(i)
8        turtle.right(91)
```

运行完成后,得到图6.26所示的图形。

代码核心语句的功能解析如下。

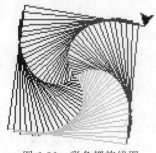

图6.26　彩色螺旋线图

第4行:使用一个名为colors的变量来存储4种颜色的列表。列表是Python中可以存放多个数据的组合数据类型,用来存储不同的数据类型,使用[ ]形式表示。当想要从列表中获取颜色时,都要使用colors变量来表示钢笔的颜色。colors=["red","yellow","blue","green"],[]中的索引序号为0、1、2、3。也就是red对应colors[0],yellow对应colors[1],blue对应colors[2],green对应colors[3]。

第6行：遍历绘制循环时修改钢笔颜色。通过 turtle.pencolor()来更改钢笔颜色。pencolor 函数中的参数是(colors[i%4])。这里的 i 和代码中其他地方所使用的 i 是同一个变量，因此，i 将持续从 0～99 取值。[i%4]中的"%"是求模操作符，表示取除法运算中的余数(0÷4 的商为 0，余数为 0，此时 i%4 代表着 0；1÷4 的商为 0，余数为 1，此时 i%4 代表着 1；以此类推)。i 从 0～99 的 100 次取值中，colors[i%4]将遍历 colors 列表中序号从 0～3 对应的颜色(分别是红色、黄色、蓝色和绿色)整整 25 次。第 1 次遍历绘制循环的时候，使用列表中的红色；第 2 次遍历的时候使用黄色，以此类推。

理解了不同颜色加入的原理后，可以尝试丰富上述代码里的颜色内容，得到更加多彩斑斓的图案。

6.3.3　绘制颜色填充图案

Python 可以通过绘制线条组成丰富多彩的图形，也可以将图形再次丰富，进行颜色填充。主要用的函数如表 6.4 所示。

表 6.4　颜色填充函数

函　　数	说　　明
turtle.fillcolor(r,g,b)	绘制图形的填充颜色
turtle.begin_fill()	准备开始填充图形
turtle.end_fill()	填充完成

结合 6.2.2 节中的正多边形绘制方法，可以绘制描边为红色，填充黄色的五角星，程序代码如下。

```
import turtle
turtle.setup(800,800)
turtle.pensize(1)
turtle.pencolor("red")
turtle.fillcolor("yellow")
turtle.begin_fill()
for i in range(5):
    turtle.fd(100)
    turtle.right(144)
turtle.end_fill()
```

运行完成后，输出图 6.27 所示的五角星。

在 6.3.1 节中的海螺花程序代码中加入颜色填充函数，程序如下。

```
import turtle
turtle.setup(800,800)
```

图 6.27　五角星绘制效果

计算思维与 Python 编程基础(微课版)

```
turtle.pensize(1)
turtle.pencolor("blue")
turtle.fillcolor("yellow")
turtle.begin_fill()
for i in range(1,185,3):
    for j in range(3):
        turtle.fd(i)
        turtle.right(120)
    turtle.right(10)
turtle.end_fill()
```

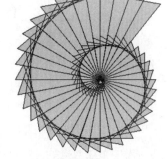

图 6.28　填充黄色背景的海螺花绘制效果

运行完成后,输出图 6.28 所示的图形。

6.4　本 章 小 结

　　本章首先简要介绍了 Python 语言的特点及发展史,接着讲解了在计算机上安装和运行测试 Python 的方法。为了能让读者深刻地体会编程的魅力,详细讲解一个个简单有趣地绘图实例,使读者理解 turtle 库中函数的基本用法,了解变量、列表、循环等基本语法结构,为后续章节的深入学习打下基础。

　　本章的思维导图如图 6.29 所示。

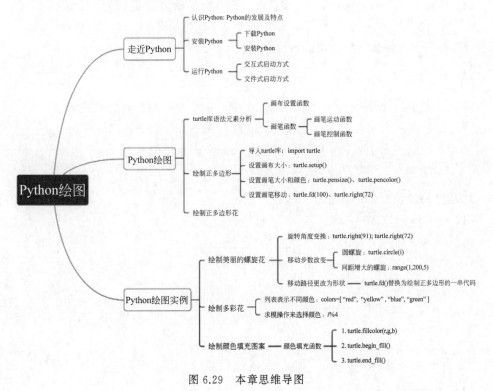

图 6.29　本章思维导图

6.5 习　　题

1. 选择题

(1) 关于 turtle 库,哪个选项的描述是错误的?(　　)

    A. turtle 库是一个直观有趣的图形绘制函数库

    B. turtle 库提供 circle()函数来绘制圆形

    C. turtle 坐标系的原点默认在屏幕左上角

    D. turtle 绘图体系以水平右侧为绝对方位的 0°

(2) 哪个选项是 turtle 绘图中角度坐标系的绝对 0°方向?(　　)

    A. 画布正上方   B. 画布正右方

    C. 画布正左方   D. 画布正下方

(3) 关于 Python 中的符号"♯",描述不正确的是(　　)。

    A. 符号"♯"后面的内容为注释

    B. 符号"♯"后面的内容不会被计算机执行

    C. 符号"♯"后面的内容只能用英文字母或数字

    D. 符号"♯"后面的内容用来对程序代码进行说明,提高代码可读性

(4) 语句 for i in range(3):中,当循环执行到第 3 次时,i 的值为(　　)。

    A. 1   B. 0   C. 2   D. 3

(5) (　　)选项是下面代码的执行结果。

```
turtle.circle(-90, 90)
```

    A. 绘制一个半径为 90 像素的弧形,圆心在小海龟当前行进的左侧

    B. 绘制一个半径为 90 像素的弧形,圆心在小海龟当前行进的右侧

    C. 绘制一个半径为 90 像素的弧形,圆心在画布正中心

    D. 绘制一个半径为 90 像素的整圆形

2. 程序阅读填空题

(1) turtle.circle(100,-180)。

该代码是绘制一个半径为_____的_____。

(2) 代码如下。

```
import turtle
turtle.pensize(2)
for i in range(8):
    turtle.fd(100)
    turtle.left(45)
```

运行后绘制的是一个_____。

(3) 代码如下。

```
import turtle
turtle.pensize(2)
for i in range(8):
    turtle.fd(150)
    turtle.left(135)
```

运行后绘制的是一个_____。

3. 程序编写

(1) 仿照如下代码,绘制图 6.30 所示的奥运五环。尝试着更改代码中的某个参数,看看能得到什么图形。

```
import turtle
turtle.width(10)
turtle.color("blue")
turtle.circle(50)

turtle.color("black")
turtle.penup()
turtle.goto(120, 0)
turtle.pendown()
turtle.circle(50)

turtle.color("red")
turtle.penup()
turtle.goto(240, 0)
turtle.pendown()
turtle.circle(50)

turtle.color("yellow")
turtle.penup()
turtle.goto(60, -50)
turtle.pendown()
turtle.circle(50)

turtle.color("green")
turtle.penup()
turtle.goto(180, -50)
turtle.pendown()
turtle.circle(50)
```

（2）利用 turtle 库绘制图 6.31 所示的太阳花图案。

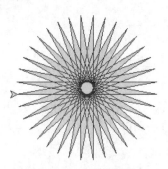

图 6.30　奥运五环图形　　　　　　图 6.31　太阳花图案

要求画笔颜色为红色，填充颜色为黄色。

第 7 章 选择结构

程序是由若干语句组成的,其目的是实现一定的计算或处理功能。程序中的语句可以是单一的一条语句,也可以是一个语句块。Python 有三种控制结构来控制代码执行流程,即顺序结构、选择结构和循环结构。顺序结构就是按代码顺序一行一行地执行代码,不遗漏不跳转;选择结构就是根据条件来选择执行某些代码,有些代码会跳过不执行;循环结构就是根据条件判断来重复执行某些代码。

编写程序来处理各种问题时,程序首先通过多种形式输入数据,接着处理数据,最后输出结果。输入、处理、输出是程序代码的基本逻辑步骤。

7.1 数 值 类 型

7.1.1 数值类型概述

数值类型(Number)是 Python 的基本数据类型,它包含了整数类型(int)、浮点数类型(float)和复数类型(complex)。数值类型变量用于表示数值,并可以进行数值运算。表 7.1 给出了 Python 语言的 3 种数值类型。

表 7.1　数值类型

数 值 类 型	说　　　明
整数类型	没有任何小数部分
浮点数类型	有部分小数
复数类型	拥有实部和虚部的数字

7.1.2 整数类型

整数类型即整数,分为正整数、0 和负整数,Python 使用 int 表示整数类型。整数举例如下。

```
1100, -99, 564, 0o75, 0x8b
```

整数类型可以用 4 种进制方式表示,分别为二进制、八进制、十进制和十六进制,默认情况下整数采用十进制方式表示,其他进制需要增加引导符号,如表 7.2 所示。

表 7.2　整数类型的 4 种进制表示方式

进制类型	引导符号	说　　明
二进制	0b 或 0B	由 0 和 1 的数字组成,逢 2 进 1,如 0b10010、0B11001
八进制	0o 或 0O	由 0~7 的数字组成,逢 8 进 1,如 0o711、0O677
十进制	无	由 0~9 的数字组成,逢 10 进 1,如 95、−105
十六进制	0x 或 0X	由 0~9、a~f 或 A~F 组成,逢 16 进 1,如 0xaB6、0XF31

整数类型理论上的取值范围是 $[-\infty, \infty]$,实际上的取值范围受限于计算机内存大小,除极大数的运算外,一般认为整数类型没有取值范围的限制。

7.1.3　浮点数类型

浮点数就是带有小数的数值,可以是正数或负数,Python 使用 float 表示浮点数类型。写法与数学中的一致,但允许小数点后没有任何数字,这种设计可以区分浮点数类型和整数类型。浮点数有两种表示方法,小数表示法和科学记数法表示。下面是浮点数类型的例子。

```
0.0    .5    -6.5    6.    3.14    2.3e3    3.14e-5    6.9E4
```

科学记数法使用字母 e 或 E 作为幂的符号,以 10 为基数,含义如下。

$$[X]\text{e}[Y]=X\times10^Y$$

例如,3.14e−5 的值为 0.0000314,6.9E4 也可表示为 6.9E+4,其值为 69000.0。

Python 用浮点数类型表示很大或很小的数值时,会自动采用科学记数法来表示。举例如下。

```
>>> 1234.56789**10
8.225262591471028e+30
>>> 1234.56789**-10
1.2157666565404538e-31
```

其中"**"表示"求幂"运算,1234.56789**10 表示 1234.56789 的 10 次方。

浮点数类型能够表示巨大的数值,取值范围为 $[2^{-1023}, 2^{1023}]$,能够进行高精度的计算,计算精度为 2.220×10^{-16}。但由于浮点数类型在计算机内部是用固定长度的二进制数表示,因此有些数值可能无法精确表示,只能表示为带有微小误差的近似数。举例如下。

```
>>>1.2-1.0                          #例1
0.19999999999999996
```

```
>>>2.2-1.2                    #例2
1.0000000000000002
>>>2.0-1.0                    #例3
1.0
```

由以上例子可以看出,例1的结果比0.2略小,例2的结果比1.0略大,例3得到了精确的结果。这种微小的误差不影响实际的应用,但在极端的情况下,该种误差仍能导致错误。举例如下。

```
>>>2.2-1.2==1
False
>>>2.0-1.0==1
True
```

上述例子用"=="来比较两个表达式,并没有得到预期的结果,因此不能使用"=="来判断浮点数是否相等。但可以使用两个浮点数的差值是否绝对的小来判定两个浮点数是否相等。举例如下。

```
>>>abs((2.2-1.2)-1)<1.0E-15
True
>>>abs((2.0-1.0)-1)<1.0E-15
True
```

注意:abs 函数是返回一个数值的绝对值。

7.1.4　复数类型

在数学中,把形如 $z=a+bi$ 的数称为复数,其中 a 称为实部,b 称为虚部,i 是虚数单位。Python 可以按照数学中的规则表示复数,但是虚数单位用 j 表示。如 $8+9j$、$-6.5-3.15j$ 都是复数。可以用 complex 函数创建复数,基本格式如下。

```
complex(实部,虚部)
```

示例代码如下。

```
>>> complex(8, 9)
(8+9j)
>>> type(8+9j)
<class 'complex'>
```

复数类型中的实数部分和虚数部分的数值都是浮点数类型。对于复数 z,可以用 z.real 和 z.imag 分别获得它的实数部分和虚数部分。举例如下。

```
>>>(8+9j).real
8.0
>>>(8+9j).imag
9.0
```

对于复数类型,也可以执行数学运算。举例如下。

```
>>> z1=3+5j
>>> z2=2+4j
>>> z1+z2
(5+9j)
>>> z1-z2
(1+1j)
>>> z1 * z2
(-14+22j)
>>> z1/z2
(1.3-0.1j)
```

7.2 数值类型的操作

计算机的大量功能都是通过各种运算完成的。为了完成这些运算,Python 提供了丰富的运算符(operator),这些运算符可以完成各种运算。由运算符、操作对象构成的式子被称为表达式(expression)。表达式是有值的,这个值就是运算符对各种数据进行处理的结果。

Python 支持算术运算、关系运算、逻辑运算等,表达式中允许出现不同种类的运算,不同运算符的优先级是不同的。另外,Python 的很多运算符具有多种不同的含义,作用于不同类型操作数的含义并不相同,非常灵活。

7.2.1 基本运算

1. 算术运算

Python 中的算术运算和数学中使用的计算符号大致相同,Python 支持的算术运算符如表 7.3 所示。

表 7.3 数值类型支持的算术运算符

算术运算符	说　　明
+	加法,如 $8+3=11$
-	减法,如 $8-3=5$
*	乘法,如 $8\times3=24$
/	除法,如 $8/3=2.6666666666666665$
//	不大于商的最大整数,如 $8//3=2$
**	求幂,如 8^3 可表示为 8**3,结果为 512
%	求模,如 8 除以 3 的余数表示为 8%3,结果为 2

计算思维与 Python 编程基础(微课版)

算术运算的示例代码如下。

```
>>> 8+5              #加法运算
13
>>> 8-5              #减法运算
3
>>> 8*5              #乘法运算
40
>>> 8/5              #除法运算
1.6
>>> 8//5             #取整运算
1
>>> 8%5              #求模运算
3
>>> 8**5             #幂运算
32768
```

也可以将赋值运算与算术运算结合起来,常用的有＋＝、－＝、＊＝、/＝、//＝、**＝、％＝。例如,a＋=5 等价与 a＝a＋5。举例如下。

```
>>> a=6
>>> a+=5             #等价于a=a+5
>>> a
11
>>> a=6
>>> a*=5             #等价于a=a*5
>>> a
30
```

2. 关系运算

关系运算通常用来比较两个变量的关系,结果为 True 或 False。关系运算符如表7.4 所示。

表7.4　关系运算符

运　算　符	说　　　　明
>	大于,如 a>b,a 的值大于 b 的值
>=	大于或等于,如 a>=b,a 的值大于或等于 b 的值
<	小于,如 a<b,a 的值小于 b 的值
<=	小于或等于,如 a<=b,a 的值小于或等于 b 的值
==	等于,如 a==b,a 的值等于 b 的值
!=	不等于,如 a!=b,a 的值不等于 b 的值

关系运算的示例代码如下。

```
>>> a=5;b=5
>>> a>b                #大于
False
>>> a>=b               #大于或等于
True
>>> a<b                #小于
False
>>> a<=b               #小于或等于
True
>>> a==b               #等于
True
>>> a!=b               #不等于
False
```

3. 逻辑运算

逻辑运算又称布尔运算,是数值符号化的逻辑推演法,包括逻辑与、逻辑或、逻辑非。逻辑运算通常返回"真"与"假"的值,最常见的逻辑运算用来判断某个条件是否成立,进而决定执行相应的代码块。例如,用户登录验证,要同时验证用户名和密码都正确的情况下才能登录,这时就需要搭配逻辑运算符了。常见的逻辑运算符如表 7.5 所示。

表 7.5 逻辑运算符

运 算 符	说 明
and	逻辑与,两个条件同时为 True 时才为 True,否则为 False,如: True and True　结果为 True True and False　结果为 False False and False　结果为 False
or	逻辑或,两个条件同时为 False 时才为 False,否则为 True,如: False or False　结果为 False True or False　结果为 True True or True　结果为 True
not	逻辑非,条件为 True,其非运算为 False;条件为 False,其非运算为 True,如: not False　结果为 True not True　结果为 False

逻辑运算的示例代码如下。

```
>>> 8>5 and 7>3
True
>>> 8>5 and 7<3
False
>>> 8<5 or 7<3
False
>>> 8>5 or 7<3
```

```
True
>>> not 8>5
False
>>> not 7<3
True
```

7.2.2 内置数值运算函数

Python 解释器提供了一些内置函数,这些内置函数不需要导入任何模块即可直接使用。执行以下命令可以列出所有内置函数和内置对象。

```
>>> dir(__builtins__)
```

Python 常用的内置函数及其功能说明如表 7.6 所示。

表 7.6　常用的内置函数

函　　　数	说　　　明
int(x,base＝10)	将一个字符串或数字转换为整数类型。x 为字符串或数字,base 为进制数,默认为十进制。如: int(3.14)　结果为 3 int('a',16)　结果为 10 int('15',8)　结果为 13
float(x)	将整数和字符串转换成浮点数。x 为整数或字符串。如: float(115)　结果为 115.0 float(115.12)　结果为 115.12 float('115')　结果为 115.0
eval(expression[, globals[, locals]])	执行一个字符串表达式,并返回表达式的值。如: eval("55.3")　结果为 55.3 eval('3 * 3')　结果为 9 eval('int(3.14)')　结果为 3
abs(x)	返回数字的绝对值。如: abs(−98)　结果为 98 abs(−3.14)　结果为 3.14
max(…),min(…)	返回给定参数的最大值、最小值,参数可以为序列。如: max(−10,20,60)　结果为 60 min(−10,20,60)　结果为−10
sum(x,start＝0)	对序列进行求和计算。x 为可迭代对象,start 为相加的参数,默认值为 0。如: sum([2,3,4,5,6])　结果为 20 sum([2,3,4,5,6],8)　结果为 28

函 数	说 明
range(start, stop [, step])	返回的是一个可迭代对象,参数 start 为计数开始值,默认为 0,stop 为计数结束值,step 为步长,默认为 1。如: list(range(5))　结果为[0,1,2,3,4] list(range(0,10,2))　结果为[0,2,4,6,8]
map(func, * iterables)	根据提供的函数(func)对指定序列作映射。迭代参数 iterables 中的每个元素调用函数(func),返回值组成新迭代对象。如: list(map(lambda x: x**2,[1,2,3,4,5]))　结果为[1,4,9,16,25] list(map(int,[1.5,3.5,4.68]))　结果为[1,3,4]

其中的 int()和 float()函数可以进行显式数据的类型转换,示例代码如下。

```
>>> int(10.99)
10
>>> float(10)
10.0
```

对于初学者而言,可以使用 dir()函数和 help()函数获得帮助,这两个函数的一般格式如下。

```
dir(对象名|模块名|函数名|…)
help(对象名|模块名|函数名|…)
>>> import math          #导入 math 模块
>>> dir(math)            #查看模块中的可用对象
>>> help(math.pow)       #查看指定方法的使用帮助
>>> help(math.sin)
>>> dir(3)               #查看数值类型对象成员
```

7.3　输入和输出

程序处理的数据可以从键盘输入,也可以从文件读入。程序的处理结果可以显示在屏幕上,或存入文件中。所谓的输入/输出是指从键盘输入和在屏幕显示,又叫控制台输入/输出。

Python 程序需要通过输入和输出函数来实现与计算机的交互,通过输入获取运行所需的原始数据,通过输出将程序对数据的处理结果展示出来,程序员以此评价程序的运行情况。

7.3.1　input()函数

当程序想从输入设备(如键盘)上读取数据时,Python 中提供了 input()函数,让程序接收用户的输入内容,格式如下。

```
input([prompt])
```

其中参数 prompt 是可选的,表示用户输入数据时的提示信息,不管输入什么,该函数返回的都是字符串。示例代码如下。

```
>>> input('Please input your name:')
Please input your name:张三
'张三'
```

上述例子中第二行前边的提示文字是 input()函数的参数,"张三"是通过键盘输入的内容,第三行的"张三"是 input()函数返回的字符串。字符串就是用引号包含的一串字符,第 8 章将详细讲解。

如果输入的内容是数字,需要进行数据类型转换,才能将输入的字符串类型转换为数值类型。通常可以使用内置函数 int()、float()或 eval()对输入的内容进行数据类型转换,示例代码如下。

```
>>> input()
19
'19'          #input()函数的返回值是字符串
>>> int(input())
19
19            #将 input()函数的返回值转换为整数
>>> float(input())
19
19.0          #将 input()函数的返回值转换为浮点数
>>> eval(input())
19*2
38            #eval()去除字符出最外层的引号,使字符串"19*2"变成数学表达式 19*2
>>> input()
'19*2'        #输入的内容为字符串
"'19*2'"      #输出的内容会在字符串外再加双引号
>>> eval(input())
'19*2'
'19*2'        #input()返回的内容为"'19*2'", eval()只能去除一层的引号
```

int()函数或 float()函数通常对输入的一个数字进行显式类型转换。若要一次对输入的多个数字进行转换,可以使用 eval()函数,或者利用字符串的切片和 map()函数实现。示例代码如下。

```
>>> a, b, c=eval(input())     #输入 3 个数字,用逗号间隔
5, 3.14, 5+4j                 #输入的 3 个数字依次赋值给 a、b、c 三个变量
>>> a
5
>>> b
```

```
3.14
>>> c
(5+4j)
>>> a, b, c=map(int, input().split(', '))        #split()函数对字符串进行切片
6, 7, 8                                          #map()函数将多个字符转为数字
>>> a
6
>>> b
7
>>> c
8
```

input()函数返回"6,7,8"的字符串,split(',')以逗号为分割,将字符串"6,7,8"分割成为列表['6','7','8']的迭代类型,map()函数将列表中的每个字符串转换为对应的数值类型,并依次赋值给 a、b、c 三个变量。

7.3.2   print()函数

程序执行中产生的处理结果需要以一定的方式展示出来,其中最常用的方式是输出到显示器上。Python 中使用 print()函数完成基本输出操作,print()函数的基本格式如下。

```
print([obj, …][, sep=' '][, end='\n'][, file=sys.stdout][, flush=False])
```

(1)[ ]表示此项可选,[obj,…]为可选参数,"…"表示一次可以输出多个对象,输出多个对象时,需要用","分隔。省略所有参数时,表示输出一个空行。示例代码如下。

```
>>> print()
空行
>>> print(1, 2, 3)
1 2 3
```

(2)[,sep=' ']为可选参数,用来决定以何种符号间隔输出多个对象,默认符号是一个空格。例如:

```
>>> print(1, 2, 3, sep=' # ')
1 # 2 # 3
```

(3)[,end='\n']为可选参数,用来决定以什么符号结尾,默认符号是换行符(\n),也可以使用其他符号或字符串作为输出的结尾。示例代码如下。

```
>>> print(1, 2, 3, end='####')
1 2 3####
```

(4)file 参数表示要写入的文件对象,file 参数必须是一个具有 write(string)方法的对象;如果参数不存在或为 None,则将使用 sys.stdout(系统标准输出)。flush 参数表示输出内容是否被缓存。

7.3.3 格式化输出

很多情况下,对输出的内容都会有格式要求。例如,实验的数据要求保留指定位数的小数,输出的内容要求左对齐等,而使用 print()函数直接输出时,保留的小数位数、对齐方式等都是默认的,有时不能满足输出的要求。示例代码如下。

```
>>> a=20/7
>>> a
2.857142857142857
```

Python 中通常可以使用以下方式控制输出内容的格式:利用字符串的 format()方法和字符串格式化运算符%。

1. format()方法

字符串的 format()方法是 Python 语言主要的格式化方法,基本格式如下。

```
<模板字符串>.format([输出项,…])
```

模板字符串由一系列占位符组成,可以使用输出项替换对应位置的占位符。举例如下。

```
>>> print('我的名字是{},我今年{}岁,我最喜欢的课程是{}'.format('张三', 20,
'Python'))
我的名字是张三,我今年 20 岁,我最喜欢的课程是 Python
```

如果"{}"占位符中没有位置序号,与输出项参数的对应关系如图 7.1 所示。

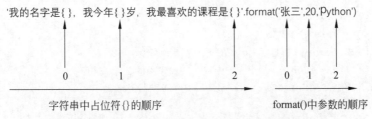

图 7.1 format()方法的占位符顺序和参数顺序

如果"{}"中指定了输出项参数的位置,则需要按照位置序号替换对应参数,如图 7.2 所示。

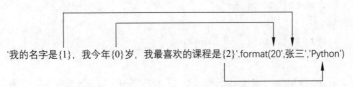

图 7.2 format()方法的占位符与参数的对应关系

format()方法可以连接不同类型的变量,示例代码如下。

```
>>> print('{0}{1}{2}'.format('圆周率为:', 3.1415, "…"))
圆周率为: 3.1415…
```

模板字符串中的"{}"除了可以包含参数序号以外,还可以包含格式控制信息,格式如下。

{<参数序号>:<格式控制标记>}

其中,格式控制标记用来控制参数显示时的格式,格式控制标记如表 7.7 所示。

表 7.7　占位符格式控制标记字段

:	<填充>	<对齐>	<宽度>	<,>	<.精度>	<类型>
引导符号	用于填充的单个字符	<左对齐 >右对齐 ^居中对齐	设定输出宽度	数字的千位分隔符,适用于整数和浮点数	浮点数小数部分的精度或字符串的最大输出长度	整数类型:b、c、d、o、x、X 浮点数类型:e、E、f、%

格式控制标记包括<填充><对齐><宽度><,><精度><类型>6 个字段,这些字段都是可选的,可以组合使用。

<宽度>是设置当前占位符输出的宽度。如果该占位符对应输出项的长度比设置的占位符宽度大,则使用输出项的实际长度;如果输出项的长度小于设置的宽度,则多余位数默认用空格填充。<对齐>指参数在指定宽度内输出时的对齐方式,分别为左对齐(<)、右对齐(>)和居中对齐(^)。<填充>指大于实际长度、小于指定宽度的空间以何种字符表示,默认采用空格。示例代码如下。

```
>>> '{0:20}'.format('Python ')        #默认左对齐
'Python              '
>>> '{0:>20}'.format('Python ')       #右对齐
'             Python '
>>> '{0:^20}'.format('Python ')       #居中对齐
'      Python        '
>>> '{0: * ^20}'.format('Python ')    #居中对齐,空白位置使用 * 填充
'*******Python *******'
```

格式控制标记中的逗号<,>用于表示数值类型的千位分隔符,举例如下。

```
>>> '{0:, }'.format(123456789)
'123, 456, 789'
>>> '{0:, }'.format(123456789.12345)
'123, 456, 789.12345'
```

<.精度>由小数点开头,通常与浮点数类型配合使用,精度表示小数部分输出的有效位数,若参数为字符串,精度表示输出的最大长度。示例代码如下。

```
>>> '{0:.2f}'.format(3.1415926)
```

```
'3.14'
>>> '{0:.2e}'.format(314.15926)
'3.14e+02'
>>> '{0:.4}'.format('Python ')
'pyth'
```

＜类型＞表示输出数值类型的格式规则。对于整数类型,常用的输出格式有以下4种。

（1）b：输出整数的二进制数。

（2）o：输出整数的八进制数。

（3）d：输出整数的十进制数。

（4）x：输出整数的十六进制数。

举例如下。

```
>>> '二进制：{0:b},八进制：{0:o},十进制：{0:d},十六进制：{0:x}'.format(314)
'二进制：100111010,八进制：472,十进制：314,十六进制：13a'
```

对于浮点数类型,常用的输出格式有以下4种。

（1）f：输出浮点数的标准浮点形式。

（2）e：输出浮点数对应小写字母e的指数形式。

（3）E：输出浮点数对应大写字母E的指数形式。

（4）%：输出浮点数的百分比形式。

示例代码如下。

```
>>> '{0:f}, {0:e}, {0:E}, {0:%}'.format(3.14)
'3.140000, 3.140000e+00, 3.140000E+00, 314.000000%'
>>> '{0:.2f}, {0:.2e}, {0:.2E}, {0:.2%}'.format(3.14)
'3.14, 3.14e+00, 3.14E+00, 314.00%'
```

2. 字符串格式化运算符%

这是Python早期版本提供的一种格式化输出方法,字符串格式化运算符%的使用格式如下。

```
print(格式控制字符串%(输出项1,输出项2,…,输出项n))
```

print()函数的功能是将输出项的值输出到设备上,其中格式控制字符串包含常规字符和格式字符。

（1）常规字符：包括可显示的字符和转义字符。

（2）格式字符：以%开头的一个或多个字符,以说明输出数据的类型、形式、长度、小数位数等。例如"%f"表示以小数的形式输出；"%s"表示以字符串形式输出。格式控制字符与输出项一一对应,Python常用的格式字符如表7.8所示。

（3）附加格式说明符。

在"%"和格式字符之间增加一些附加格式符号,可以使输出格式更加准确。格式如下。

%[附加格式说明符]格式符

表 7.8　Python 常用的格式字符

格　式　符	说　　明
%d 或 %i	十进制整数
%o	八进制整数
%x 或 %X	十六进制整数
%f 或 %F	非科学记数法表示的浮点数
%e 或 %E	科学记数法表示的浮点数
%g 或 %G	根据值的大小采用 %e 或 %f 格式输出
%c	单个字符
%s	字符串

常用的附加格式说明符如表 7.9 所示。

表 7.9　附加格式说明符

格　式　符	说　　明
—	左对齐输出
+	输出正数时以"+"开头
m	指定输出数据所占宽度,m 为 10 进制整数,若 m 大于数据的实际宽度输出时,前面补空格,若 m 小于数据的实际宽度,则按实际位数输出
.n	用于指定数据的小数部分所占宽度,若 n 大于小数实际宽度,输出时小数后面补 0,若 n 小于小数的实际宽度,输出时将小数部分多余的位进行四舍五入。输出的是字符串,n 表示输出字符串的长度

下面举例展示字符串格式化运算符 % 的用法,代码如下。

```
>>> print('我的名字是%s,我今年%d 岁,我最喜欢的课程是%s'%('张三', 20, 'Python'))
我的名字是张三,我今年 20 岁,我最喜欢的课程是 Python
```

以上代码中使用"%s"输出字符串,使用"%d"输出整数。

```
>>> print('% d, % i, % o, % x, % X'% (350, 350, 350, 350, 350))
350, 350, 536, 15e, 15E
```

上例中 5 个输出项分别对应 350 的十进制数、十进制数、八进制数、小写十六进制数、大写十六进制数。

```
>>> print('浮点数输出:%f, %e, %g'%(1234.56789, 1234.56789, 1234.56789))
浮点数输出:1234.567890, 1.234568e+03, 1234.57
```

非科学记数法"%f"输出格式的默认小数点位数是 6 位。若需控制小数点的位数,可以使用附加格式,示例代码如下。

```
>>> print('圆周率为:% .2f'%(3.1415926))
圆周率为: 3.14
```

其中"%.2f"表示小数点保留两位输出。也可以同时使用多个附加格式,例如同时限定输出宽度和保留两位小数,代码如下。

```
>>> print('语文:%6.2f\n数学:%6.2f'%(92.5, 88.6))
语文: 92.50
数学: 88.60
```

7.4 选 择 结 构

选择结构通过判断某些特定条件是否满足来决定下一步的执行流程,是非常重要的控制结构。常见的选择结构有单分支结构、双分支结构、多分支结构和嵌套分支结构。具体使用哪一种选择结构,最终还是取决于要实现的业务逻辑。

7.4.1 单分支结构

单分支结构是最简单的一种选择结构,语法结构如下。

```
if <条件表达式>:
    <语句块>
```

<条件表达式>后面的":"不可省略,Python 中通过缩进表达包含关系,<语句块>可以是一条或多条代码。如果<条件表达式>的值为 True,则执行<语句块>;如果<条件表达式>的值为 False,则跳过<语句块>的代码,继续执行后面的代码。单分支结构的控制过程如图 7.3 所示。

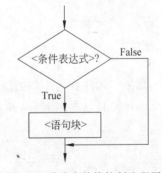

图 7.3 单分支结构控制流程图

下面通过例 7.1 和例 7.2 来讲解单分支选择结构。

【例 7.1】 输入一个整数,输出该数的绝对值。

解题思路:先输入一个整数 x,如果 x 的值小于 0,把 $-x$ 的值赋给 x,最后输出 x 的值。

程序代码如下。

```
x=int(input('输入一个整数:'))
if x<0:
    x=-x
print('x 的绝对值为:{}'.format(x))
```

运行后的结果如下。

输入一个整数：-9
x的绝对值为：9

【例 7.2】 输入两个数，按照从小到大的顺序输出这两个数。

解题思路：首先输入两个数 a 和 b，如果 a 大于 b，就交换 a、b 的值，最后输出 a、b 的值。

程序代码如下。

```
a, b=eval(input('输入两个数,用逗号隔开:'))
if a>b:
    t=b;b=a;a=t
print('升序排列: {0}, {1}'.format(a, b))
```

运行后的结果如下。

输入两个数,用逗号隔开：80, 20
升序排列：20, 80

7.4.2　双分支结构

如果需要对不满足条件的情况也做出处理，可以使用双分支结构，语法格式如下。

```
if<条件表达式>:
    <语句块 1>
else:
    <语句块 2>
```

如果<条件表达式>的值为 True，则执行<语句块 1>，否则执行<语句块 2>。双分支结构控制过程如图 7.4 所示。

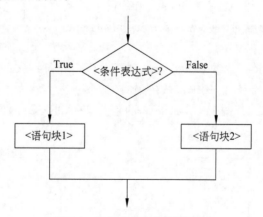

图 7.4　双分支结构控制流程图

下面通过例 7.3 来讲解双分支结构。

【例 7.3】 根据输入的考试成绩判断考试是否及格。

解题思路：首先输入成绩到变量 score，如果 score 小于 60 分，就输出"不及格"，否则输出"及格"。

程序代码如下。

```
score=float(input('请输入考试成绩:'))
if score<60:
    print('不及格')
else:
    print('及格')
```

运行后的结果如下。

```
请输入考试成绩: 59.6
不及格
```

7.4.3　多分支结构

多分支结构为用户提供更多的选择，可以实现更复杂的业务逻辑，语法格式如下。

```
if<条件表达式 1>:
    <语句块 1>
elif<条件表达式 2>:
    <语句块 2>
elif<条件表达式 3>:
    <语句块 3>
    …
else:
    <语句块 n>
```

其中，关键字 elif 是 else if 的缩写，多分支结构是双分支结构的扩展，通常用于设置同一个判断的多条执行路径。首先判断<条件表达式 1>，若<条件表达式 1>成立，则执行<语句块 1>，并结束多分支结构，若<条件表达式 1>不成立，则判断<条件表达式 2>，若<条件表达式 2>成立，则执行<语句块 2>，并结束多分支结构……若所有条件表达式都不成立，则执行 else 后的<语句块 n>，结束多分支结构。多分支结构控制过程如图 7.5 所示。

下面通过例 7.4 来讲解多分支结构。

【例 7.4】 根据输入的成绩 $s(0 \leqslant s \leqslant 100)$ 来判断，$s \geqslant 90$ 是优秀，$80 \leqslant s < 90$ 是良好，$70 \leqslant s < 80$ 是中等，$60 \leqslant s < 70$ 是及格，$0 \leqslant s < 60$ 是不及格。

解题思路：首先输入成绩 s，如果 $s \geqslant 90$，输出"优秀"，否则如果 $s \geqslant 80$，输出"良好"，否则如果 $s \geqslant 70$，输出"中等"，否则如果 $s \geqslant 60$，输出"及格"，否则输出"不及格"。

程序代码如下。

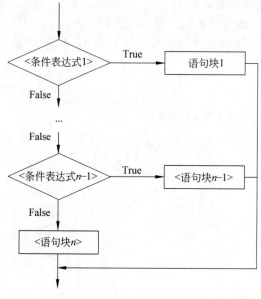

图 7.5　多分支结构控制流程图

```
s=float(input('请输入[0, 100]之间的考试成绩:'))
if s>=90:
    print('优秀')
elif s>=80:
    print('良好')
elif s>=70:
    print('中等')
elif s>=60:
    print('及格')
else:
    print('不及格')
```

运行后的结果如下。

测试 1：

请输入[0, 100]之间的考试成绩：92.6
优秀

测试 2：

请输入[0, 100]之间的考试成绩：83
良好

测试 3：

请输入[0, 100]之间的考试成绩：72
中等

测试 4：

请输入[0，100]之间的考试成绩：35
不及格

7.4.4　选择结构的嵌套

当语句块又是分支结构时，就会形成各种嵌套分支结构。比如以下几种情况。

情况 1 如下。

```
if <表达式 1>:
    if<表达式 2>:
        <语句块 1>
    else:
        <语句块 2>
```

情况 2 如下。

```
if <表达式 1>:
    if<表达式 2>:
        <语句块 1>
    else:
        <语句块 2>
    else:
        <语句块 3>
```

情况 3 如下。

```
if <表达式 1>:
    if<表达式 2>:
        <语句块 1>
      else:
          <语句块 2>
else:
    if<表达式 3>:
        <语句块 3>
      else:
        <语句块 4>
```

使用嵌套选择结构时，一定要严格控制好不同级别代码的缩进量，因为这决定了不同代码块的从属关系和业务逻辑是否被正确地实现，以及代码是否能够被解释器正确地理解和执行。

下面通过例 7.5 来讲解分支结构的嵌套。

【例 7.5】　输入系数 a、b、c，编程求方程 $ax^2+bx+c=0$ 的根。

解题思路：对于这个方程的根，有以下几种可能。

（1）$a=0$，是一个一次方程，根为$-c/b(b\neq 0)$。

（2）$b^2-4ac=0$，有两个相等实根。

（3）$b^2-4ac>0$，有两个不等实根。

（4）$b^2-4ac<0$，有两个共轭复根。

程序代码如下。

```
a, b, c=eval(input('输入 a, b, c的值:'))
if a==0:
    if b!=0:
        print('有一个根, 为:{0:.2f}'.format(-c * 1.0/b))
    else:
        print('a, b 都为 0, 方程无解！')
else :
    disc=b**2-4 * a * c
    if disc>=0:                              #有两个实根
        x1=(-b+disc**0.5)/(2.0 * a)          #第一个实根
        x2=(-b-disc**0.5)/(2.0 * a)          #第二个实根
        print('方程有两个根,分别为: {0:.2f}, {1:.2f}'.format(x1, x2))
    else:
        realPart=-b/(2.0 * a)                #实部
        imagePart=(-disc)**0.5/(2.0 * a)     #虚部
        print('方程有两个共轭复根,分别为: {0:.2f}+{1:.2f}i, {2:.2f}-{3:.2f}i'.
format(realPart, imagePart, realPart, imagePart))
```

运行后的结果如下。

测试 1 如下。

```
输入 a, b, c的值: 0, 3, 5
有一个根,为: -1.67
```

测试 2 如下。

```
输入 a, b, c的值: 2, 5, 3
方程有两个根,分别为: -1.00, -1.50
```

测试 3 如下。

```
输入 a, b, c的值: 3, 5, 7
方程有两个共轭复根,分别为: -0.83+1.28i, -0.83-1.28i
```

7.5 本 章 小 结

本章主要介绍 Python 的数值类型、输入和输出及选择结构，重点介绍了数值类型的操作，包括基本运算（算术、关系、逻辑运算）和内置数值运算函数。同时还介绍了输入/输出的函数和格式化输出。最后详细介绍了选择结构,包括单分支结构、双分支结构、多分支结构和分支结构的嵌套。本章的思维导图如图 7.6 所示。

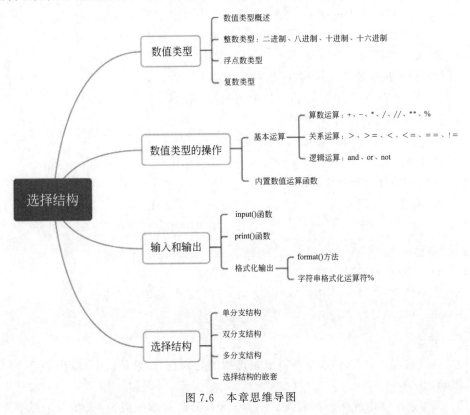

图 7.6 本章思维导图

7.6 习   题

1. 单选题

(1) 哪个选项不是 Python 语言的整数类型?(   )

    A. 0B1010　　　　　B. 88　　　　　　　C. 0x9a　　　　　　D. 0E99

(2) 在 Python 中,用于获取用户输入的函数是(   )。

    A. get()　　　　　　B. eval()　　　　　　C. input()　　　　　D. print()

(3) 给出如下代码:

```
>>> x=3.14
>>> eval('x+10')
```

上述代码的输出结果是(   )。

    A. 系统报错　　　　　　　　　　　　B. 13.14

    C. 3.1410　　　　　　　　　　　　　D. TypeError: must be str,not int

(4) 关于 Python 的数值类型,描述错误的是(　　)。

　　A. 1.0 是浮点数,不是整数

　　B. 浮点数也有十进制、二进制、八进制和十六进制等表示方式

　　C. 整数类型的数值一定不会出现小数点

　　D. 复数类型虚部为 0 时,表示为 1+0j

(5) 关于 Python 的分支结构,描述错误的是(　　)。

　　A. 分支结构可以向已经执行过的语句部分跳转

　　B. 分支结构使用 if 保留字

　　C. Python 中的 if-else 语句用来形成二分支结构

　　D. Python 中的 if-elif-else 语句描述多分支结构

(6) 实现多路分支的最佳控制结构是(　　)。

　　A. if　　　　　　　　　　　　　　B. if-elif-else

　　C. try　　　　　　　　　　　　　　D. if-else

2. 填空题

(1) print(3**3)的输出结果为_____。

(2) print("{1}：{0：.6f}".format(3.1415926,"π"))的输出结果为_____。

(3) print(10/3,10//3,10%3)的输出结果为_____。

3. 编程题

(1) 用户输入一个正整数,判断该数是奇数还是偶数,如果是奇数,输出 odd,如果是偶数,则输出 even。

(2) 编写一个学生成绩转换程序,用户输入百分制的学生成绩,成绩大于或等于 90 的输出为"A",成绩大于或等于 80 且小于 90 的输出为"B",成绩大于或等于 70 且小于 80 的输出为"C",成绩大于或等于 60 且小于 70 的输出为"D",成绩小于 60 的输出为"E"。

第 8 章 循环结构

循环就是重复做某件事情。比如运动会 3000 米跑步比赛,就是绕着操场重复跑圈;大学生活就是早上 7 点起床,周一至周五白天上课,晚上上自习,11 点熄灯睡觉,周末休息,每周重复;一年四季,春夏秋冬,周而复始,每年重复。

计算机最擅长的事情就是一次又一次地重复指令。不管工作多么简单无趣,也不管重复多少次,它都会不折不扣地认真执行,不会因厌倦或疲劳出错。它可以重复执行一行代码,也可以重复执行一段代码,还可以在代码段里根据条件选择重复执行某些代码。

8.1 字符串类型

8.1.1 字符串类型的表示

字符串是字符的序列表示,可以由一对单引号(' ')、双引号(" ")或三引号(' ' ')构成。其中,单引号和双引号都可以表示单行字符串,两者作用相同。使用单引号时,双引号可以作为字符串的一部分;使用双引号时,单引号可以作为字符串的一部分。三引号可以表示单行或多行字符串。3 种表示方式如下。

单引号字符串:'I write "Hello world!"'。

双引号字符串:"I write 'Hello world!'"。

三引号字符串:' ' 'I write 'Hello' and "world"' ' '。

用 print()输出以上字符串,运行结果如下,注意其中的引号部分。

```
>>> print('I write "Hello world!"')
I write "Hello world!"
>>> print("I write 'Hello world!'")
I write 'Hello world!'
>>> print('''I write 'Hello' and "world" ''')
I write 'Hello' and "world"
```

字符串的输入:input()函数将用户输入的内容当作一个字符串类型,这是获得用户输入内容的常用方式。以下代码展示了用变量 name 来存储用户的名字,再输出这个变量的内容,其中"please input your name:"是提示信息。

```
>>> name=input("please input your name: ")
please input your name: Alice
>>> print(name)
Alice
```

字符串包括两种序号体系：正向递增序号和反向递减序号。如果字符串长度为 L，正向递增需要以最左侧字符序号为 0，向右依次递增，最右侧字符序号为 $L-1$；反向递减序号以最右侧字符序号为 -1，向左依次递减，最左侧字符序号为 $-L$。这两种方法可以在一个表示中使用，如图 8.1 所示。

图 8.1 字符串的两种序号体系

字符串也提供区间访问方式，采用 $[N:M]$ 的格式，表示从 N 到 M（不包含 M）的字符串，其中 N 和 M 为字符串的索引序号，可以混合使用正向递增序号和反向递减序号。如果表示中的 M 或 N 索引缺失，则表示字符串把开始或结束索引值设为默认值。

字符串以 Unicode 编码存储，因此，字符串的英文字符和中文字符都算作 1 个字符。观察理解以下的代码。

```
>>> name="Python 语言程序设计"
>>> name[0]
'P'
>>> print(name[0], name[6], name[-1])
P 语 计
>>> name[2:-2]
'thon 语言程序'
>>> name[:4]
'Pyth'
>>> name[4:]
'on 语言程序设计'
>>> name[:]
'Python 语言程序设计'
```

反斜杠字符（\）是一个特殊字符，在字符串中表示转义，即该字符与后面相邻的一个字符共同组成了新的含义。例如，\n 表示换行，\\ 表示反斜杠，\' 表示单引号，\" 表示双引号、\t 表示制表符（Tab）等。例如：

```
>>> print("Python \n语言\t程序\t设计")
Python
语言    程序    设计
```

———————— 计算思维与 Python 编程基础（微课版）

8.1.2 基本的字符串操作

基本的字符串操作符有 5 个，如表 8.1 所示。

表 8.1　基本的字符串操作符

操　作　符	描　　述
$x+y$	连接两个字符串 x 与 y
$x*n$ 或 $n*x$	复制 n 次字符串 x
x in s	如果 x 是 s 的子串，就返回 True，否则就返回 False
str$[i]$	返回第 i 个字符
str$[N{:}M]$	切片，返回从 N 到 M 的子串，其中不包含 M

上述操作符的示例代码如下。

```
>>> name="Python 语言"+"程序"+"基础"
>>> name
'Python 语言程序基础'
>>> "Go" * 3
'GoGoGo'
>>> "Python" in name
True
>>> "x" in name
False
>>> weekstr="星期一星期二星期三星期四星期五星期六星期天"
>>> weekstr[3:6]
'星期二'
```

8.1.3 内置字符串处理函数

除了基本操作符，Python 解释器还提供了一些内置的字符串处理函数，如表 8.2 所示。

表 8.2　Python 内置的字符串处理函数

函　　数	描　　述
len(x)	返回字符串 x 的长度，也可返回其他组合数据类型元素个数
str(x)	返回任意类型 x 对应的字符串形式
chr(x)	返回 Unicode 编码 x 对应的单字符
ord(x)	返回单字符 x 表示的 Unicode 编码

函　　数	描　　述
hex(x)	返回整数 x 对应十六进制数的小写形式字符串
oct(x)	返回整数 x 对应八进制数的小写形式字符串
bin(x)	返回整数 x 对应二进制数的小写形式字符串

len(x)函数返回字符串 x 的长度，Python 使用 Unicode 编码，字符串中的英文字符和中文字符都是 1 个长度单位。

str(x)可以把其他类型数据转换成字符串形式。

chr(x)和 ord(x)用于字符和它的 Unicode 编码值之间的转换。chr(x)函数返回 Unicode 编码值为 x 时对应的字符。ord(x)函数返回字符 x 对应的 Unicode 编码值。有些键盘无法直接输入的字符，可以采用 Unicode 值转换成字符来显示输出。

上述函数的相关实例程序代码如下。

```
>>> len("Python 语言程序设计")
12
>>> str(3.14)
'3.14'
>>> "1+2=3"+chr(10004)
'1+2=3√'
>>> "字符 A 的 Unicode 值是:"+str(ord('A'))
'字符 A 的 Unicode 值是:65'
>>> hex(20)
'0x14'
>>> oct(20)
'0o24'
>>> bin(20)
'0b10100'
```

8.2　组合数据类型

8.2.1　组合数据类型概述

计算机不仅要处理单个变量表示的数据，还需要对一组数据进行批量处理。例如，给定一组单词{"Python","program","function","study","good"}，计算并输出每个单词的长度；或者给定学校的学生信息，统计男女生比例；或者统计分析大量的实验数据。

以单词统计问题为例，每个单词都需要一个变量来表示，对于一组 N 个单词，需要 N 个变量。有两个解决方案：为每个单词定义一个变量，从变量命名上加以区分，例如 $a01$、$a02$ 分别存储第一个、第二个元素；或者采用一个数据结构存储这组数据，对每个元素采用索引序号加以区分,例如,a 表示这组元素,$a[0]$ 为该组第一个元素,$a[1]$ 为第二个元素。两个方案哪个更好呢? 显然第二个方案更好。假定单词数量是 5000 个而不是5 个,使用第一种方法几乎无法完成。

基本数据类型仅能表示一个数据,但实际计算中却存在大量同时处理多个数据的情况。这需要将多个数据有效组织起来,并统一表示,这种能够表示多个数据的类型称为组合数据类型。

组合数据类型能够将多个同类型或不同类型的数据组织起来,通过单一的表示使数据操作更有序、更容易。根据数据之间的关系,Python 的组合数据类型可以分为 3 类:序列类型、集合类型和映射类型。

序列类型是一维元素向量,元素之间存在先后关系,通过序号访问。由于元素之间存在顺序关系,所以序列中可以存在数值相同但位置不同的元素。集合类型是一个元素集合,元素之间无序,每个元素唯一存在,不存在相同元素。映射类型是"键-值"(key-value)数据项的组合,每个元素是一个键值对,表示为(键,值)。

序列类型支持成员关系操作符(in)、长度计算函数(len())、分片([]),元素本身也可以是序列类型。无论哪种具体的数据类型,只要它是序列类型,都可以使用相同的索引体系,即正向递增序号和反向递减序号。

Python 语言中有很多数据类型都是序列类型,其中比较重要的是字符串(str)、列表(list)和元组(tuple)。字符串可以看成是单一字符的有序组合,属于序列类型。同时,由于字符串类型十分常用且单一字符串只表达一个含义,也被看作是基本数据类型。

序列类型有 12 个通用的操作符和函数,如表 8.3 所示。

表 8.3　通用操作符和函数

操　作　符	描　　　述
x in s	如果 x 是 s 的元素,返回 True,否则返回 False
x not in s	如果 x 不是 s 的元素,返回 True,否则返回 False
$s+t$	连接 s 和 t
$s*n$ 或 $n*s$	将序列 s 复制 n 次
$s[i]$	索引,返回序列的第 i 个元素
$s[i:j]$	分片,返回包含序列 s 中第 i 到 j 个元素的子序列(不包含第 j 个元素)
$s[i:j:k]$	分片,返回包含序列 s 中第 i 到 j 个元素以 k 为步长的子序列
$len(s)$	序列 s 的元素个数(长度)
$min(s)$	序列 s 中最小元素
$max(s)$	序列 s 中最大元素
$s.index(x[,i[,j]])$	序列 s 中从 i 开始到 j 位置中第一次出现元素 x 的位置
$s.count(x)$	序列 s 中出现 x 的总次数

8.2.2　列表类型及其操作

列表(list)是包含 0 个或多个对象引用的有序序列,属于序列类型。列表的长度和内容都是可变的,可自由对列表中的数据项进行增加、删除或替换。列表没有长度限制,元素类型也可以不同,使用非常灵活。

列表属于序列类型,它也支持成员关系操作符(in)、长度计算函数(len())、分片([])。列表可以同时使用正向递增序号和反向递减序号,可以采用标准的比较操作符(<、<=、==、!=、>=、>)进行比较,列表的比较实际上是单个数据项逐个比较。

列表用中括号([])表示,生成一个列表的示例代码如下。

```
>>> colors=['red', 'green', 'blue', 'yellow', 'purple', 'orange']
>>> colors
['red', 'green', 'blue', 'yellow', 'purple', 'orange']
>>> ls=[1, 'red', 2, 3.14, 'pi']
>>> ls
[1, 'red', 2, 3.14, 'pi']
```

通过索引序号可以访问列表中的某个元素,如访问列表 ls 中第一个元素的代码如下。

```
>>> ls[0]
1
```

也可以通过 list() 函数将字符串转化成列表,或直接使用 list() 函数返回一个空列表,示例代码如下。

```
>>> list("Python")
['p', 'y', 't', 'h', 'o', 'n']
>>> list()
[]
```

列表是序列类型,因此,表 8.3 中的 12 个序列类型操作符和函数都可以应用于列表类型。这些操作符和函数的示例代码如下。

```
>>> list=[1, 2, 3, 4, 5, 6, 7, 8, 9, 10]
>>> 1 in list
True
>>> 99 in list
False
>>> [1, 2, 3]+[4, 5, 6]
[1, 2, 3, 4, 5, 6]
>>> [1, 2, 3] * 3
[1, 2, 3, 1, 2, 3, 1, 2, 3]
>>> list[3]
```

```
4
>>> list[4:7]
[5, 6, 7]
>>> list[::2]
[1, 3, 5, 7, 9]
>>> len(list)
10
>>> min(list)
1
>>> max(list)
10
>>> list.index(4)
3
>>> list.count(10)
1
```

列表的应用特别广泛,表 8.4 中给出了列表类型另外的 14 个常用函数或方法。

表 8.4　列表类型 14 个常用函数或方法

函数或方法	描　　述
$ls[i]=x$	替换列表 ls 第 i 项数据项为 x
$ls[i:j]=lt$	用列表 lt 替换列表 ls 中的第 i 到第 j 项数据(不含第 j 项,下同)
$ls[i:j:k]=lt$	用列表 lt 替换列表 ls 中的第 i 到第 j 项的以 k 为步长的数据
del $ls[i:j]$	删除列表 ls 中的第 i 到第 j 项数据,等价于 $ls[i:j]=[]$
del $ls[i:j:k]$	删除列表 ls 中的第 i 到第 j 项的以 k 为步长的数据
ls $+=lt$ 或 ls.extend(lt)	将列表 lt 元素增加到列表 ls 中
ls $*=n$	更新列表 ls,其元素重复 n 次
ls.append(x)	在列表 ls 最后增加一个元素 x
ls.clear()	删除 ls 中的所有元素
ls.copy()	生产一个新列表,复制 ls 中的所有元素
ls.insert(i,x)	在列表 ls 的 i 位置增加元素 x
ls.pop(i)	将列表 ls 中的第 i 项元素取出,并删除该元素
ls.remove(x)	将列表中第一个出现的元素 x 删除
ls.reverse()	列表 ls 中的元素反转

8.2.3　元组类型及其操作

元组(tuple)是包含 0 个或多个数据项的不可变序列类型。元组生成后是固定的,其中任何数据项不能替换或删除。元组数据用小括号括起来，如生成一个元组的代码如下。

```
>>> colors=('red', 'green', 'yellow', 'orang')
>>> fibs=(0, 1, 1, 2, 3, 5)
```

元组元素的访问和列表一样，也是通过索引位置来访问，示例代码如下。

```
>>> colors[0]
'red'
>>> colors[1:4]
('green', 'yellow', 'orang')
>>> fibs[3]
2
>>> fibs[:]
(0, 1, 1, 2, 3, 5)
```

如果想把元组 fibs 的第一个值替换成 4，会得到一条错误信息，示例代码如下。

```
>>> fibs[0]=4
Traceback (most recent call last):
  File "<pyshell#19>", line 1, in <module>
    fibs[0]=4
TypeError: 'tuple' object does not support item assignment
```

错误提示表明：元组对象不支持赋值操作。元组主要使用在元素内容不会修改的应用中。如果创建一个 5 个元素的元组，则它里面一直存放这 5 个值，永远不会改变。

8.2.4 字典类型及其操作

Python 语言用字典来表示键值对数据，也叫映射(map)。字典里的每个元素都有两个成员，一个键(key)和一个对应值(value)，它通过大括号{}来建立，建立模式如下。

```
{<键 1>:<值 1>, <键 2>:<值 2>, …,<键 n>:<值 n>}
```

其中，键和值通过冒号连接，不同键值对通过逗号隔开。字典里的键值对之间没有顺序，也不能重复，可以把字典看成是键值对的集合。用字典变量来存储省和省会城市的键值对的代码如下。

```
>>> province={"浙江":"杭州", "广东":"广州", "湖北":"武汉", "湖南":"长沙"}
>>> print(province)
{'浙江': '杭州', '广东': '广州', '湖北': '武汉', '湖南': '长沙'}
```

如果要查找与特定键相对应的值，通过索引键即可得到。例如，获取"湖北"的省会，代码如下。

```
>>> province['湖北']
'武汉'
```

可以修改某个键的值,修改方式为<字典变量>[<键>]=值。例如,修改"湖北"对应省会值为"大武汉",代码如下。

```
>>> province['湖北']="大武汉"
>>> print(province)
{'浙江': '杭州', '广东': '广州', '湖北': '大武汉', '湖南': '长沙'}
```

字典是存储可变数量键值对的数据结构,键和值可以是任意数据类型。例如,每个学生学号和姓名的对应关系,学号是键,姓名就是值;学生姓名和成绩的对应关系,每个姓名对应有一个成绩,姓名是键,成绩就是值。Python 的字典效率非常高,可以存储几十万项内容。

8.3 range()函数

range()函数可以生成一个等差数列,该数列可以方便地生成元组和列表,不同参数生成的数列不同。元组和列表最大的差别在于元组的数据是不能修改的,而数列的数据是可以修改的。

range(n):产生从 0 开始到 n(不含 n)的所有整数数列。

range(m:n):产生从 m 开始到 n(不含 n)的所有整数数列。

range(m:n:step):产生从 m 开始到 n(不含 n),步长为 step 的所有整数数列。

range()函数生成元组的用法示例代码如下。

```
>>> x=range(10)
>>> tp1=tuple(x)
>>> tp1
(0, 1, 2, 3, 4, 5, 6, 7, 8, 9)
>>> tp1=tuple(range(5, 10))
>>> tp1
(5, 6, 7, 8, 9)
>>> print(tuple(range(1, 10, 2)))
(1, 3, 5, 7, 9)
```

range()函数生成列表的用法示例代码如下。

```
>>> list(range(10))
[0, 1, 2, 3, 4, 5, 6, 7, 8, 9]
>>> list(range(3, 8))
[3, 4, 5, 6, 7]
>>> x=list(range(10, 1, -2))
>>> x
[10, 8, 6, 4, 2]
```

8.4 循 环 结 构

循环次数有明确定义的,如 10 次、100 次、n 次,称为"遍历循环"。其中循环次数由遍历结构中的元素个数来体现,一般用 for 语句来实现。对于循环次数不确定,通过条件来判断是否继续执行循环体的,如输入"No"循环结束,或变量 n 等于 0 时循环结束,一般采用 while 循环来实现。

8.4.1 for 循环语句

for 循环也称"遍历循环",程序代码的基本结构如下。

```
for <循环变量> in <遍历结构>:
    <语句块>
```

遍历循环可以理解为从遍历结构中逐一提取元素,放在循环变量中,执行语句块。对于所提取的每个元素执行一次语句块,也就是遍历结构中有多少个元素,就执行多少次语句块。重复执行的语句块也称循环体。

遍历结构可以是字符串、文件、组合数据类型或 range()函数等,下面介绍几种常见的遍历结构用法。

1. range()函数遍历循环

range()函数遍历循环是最常用的循环语句,用 range()循环 N 次的 for 语句用法如下。

```
for i in range(N):
    <语句块>
```

执行过程:

$i=0$,执行语句块。

$i=1$,执行语句块。

……

$i=N-1$,执行语句块。

示例程序代码如下。

```
#for 循环理解
for i in range(10):
    print("i is ", i)
```

运行结果如下。

```
i is  0
i is  1
```

```
i is  2
i is  3
i is  4
i is  5
i is  6
i is  7
i is  8
i is  9
```

for i in range(10)的意思是从 range(10)生成的数列 0、1、2、3、4、5、6、7、8、9 中遍历取出每一个数,赋值给 i,然后判断 i 是否在 range(10)生成的数列里,如果是,就执行循环体 print("i is",i)。这样 i 的值就是数列 0～9 中的每一个数,且都在数列里,于是重复这样的操作 10 次,也就是循环次数为 10 次。

以后只要碰到明确次数为 n 的循环,都可以这样来表示循环条件:for i in range(n)。

修改示例代码,让数据在一行中显示,用空格隔开,修改后的程序代码如下。

```
#for 循环理解
for i in range(10):
    print(i, end=' ')
```

运行结果如下:

```
0 1 2 3 4 5 6 7 8 9
```

2. 字符串遍历循环

通过遍历字符串来进行循环的 for 语句用法如下。

```
for c  in s:
  <语句块>
```

执行过程:循环变量 c 会取字符串 s 中的每个字符,对每个字符都执行循环体。示例程序代码如下。

```
#for 循环理解
for c in "Python":
    print(c, end=' ')
```

运行结果如下:

```
P y t h o n
```

3. 列表遍历循环

通过遍历列表来进行循环的 for 语句用法如下。

```
for item in list:
    <语句块>
```

列表进行 for 循环的示例程序代码如下。

```
#for 循环理解
for i in ['red', 'green', 'blue', 'yellow']:
    print(i, end=' ')
```

运行结果如下:

```
red green blue yellow
```

8.4.2 for 循环实例

【例 8.1】 输出 10 行,每行 1 个星号"＊"。

分析问题:每次输出 1 行星号"＊",输出 10 次,就是 10 行星号。循环次数明确为 10,可以直接用 for i in range(10) 来控制循环次数,循环体就是 print("＊")。

程序代码如下。

```
#输出 10 行, 每行 1 个星号"＊"
for i in range(10):
    print("＊")
```

【例 8.2】 循环完成累加求和 $s=1+1/2+1/3+\cdots+1/100$。

分析问题:计算 $s=1+1/2+1/3+\cdots+1/100$ 的和,需要用到循环,那就是要找到循环体和循环条件。循环体就是重复做的相同事情,体现在代码里就是重复执行的代码。分析式子 $1+1/2+1/3+\cdots+1/100$,重复做的事情就是加法,把式子分解如下。

$$s=0$$
$$s=s+1$$
$$s=s+1/2$$
$$s=s+1/3$$
$$s=s+1/4$$
$$\cdots$$
$$s=s+1/100$$

但是相加的加数一直在变化,需要变成相同的加数,考虑用一个变量 item 来表示加数,循环体如下:

$$s=s+\text{item}$$

item 的值分别为 $1,1/2,1/3,1/4,1/5,1/6,1/7,\cdots,1/100$;可以用 $1/i$ 来表示 item,其中 i 的值分别为 $1,2,3,4,\cdots,100$。本题的循环次数能确定是 100 次;而确定循环次数的一般可以直接用 for i in range() 语句来实现。

在 for i in range(100) 语句中,i 遍历 0～100(不含 100)中的每一个值,而本题 i 的值等于 1 到 100,则 range 范围为 101,即修改循环为 for i in range(1,101)。这里 i 做除数,所以 i 的值不能为 0。

最后输出累加求和 s 的值。

```
# 累加求和 s=1+1/2+1/3+1/4+…+1/100
s=0
for i in range(1, 101):
    item=1/i
    s=s+item
print("s=", s)
```

运行结果为 s＝5.187377517639621。尝试修改输出结果只有两位小数。

其中程序代码中的如下代码：

```
item=1/i
s=s+item
```

可以简化为一行代码：

```
s=s+1/i
```

【例8.3】 从小到大，老师都教导我们要"好好学习，天天向上"，那么"天天向上"的力量到底有多强大呢？一年365天，以第一天的能力值为基数，记为1.0，当好好学习时，能力值相比前一天提高千分之一，当没有学习时，能力值相比前一天下降千分之一。每天努力和每天放任，一年下来能力值相差多少呢？

分析问题：每天进步千分之一，365天后，增加累计值，这里循环次数是365，循环体是前一天能力值乘以(1+0.001)；每天下降千分之一，365天后，减少累计值，这里循环次数也是365，循环体是前一天能力值乘以(1−0.001)。最后输出365天后的进步值和下降值。

代码如下。

```
#天天向上力量
dayup=1
daydown=1
for i in range(365):
    dayup=dayup * (1+0.001)
    daydown=daydown * (1-0.001)
print("向上：{: .2f}, 向下：{: .2f}".format(dayup, daydown))
```

运行结果：向上：1.44，向下：0.69。
可以尝试换个方法计算365天后的进步值和下降值。

8.4.3 while 循环语句

很多应用无法在执行之初确定遍历次数，需要根据条件来判断循环是否继续执行，称为条件循环。条件循环的规则是，如果条件成立，就执行循环体，如果条件不成立，就退出循环体，不需要提前确定循环次数。

Python通过保留字 while 实现条件循环，基本使用方法如下。

```
while <条件>:
    <语句块>
```

其中条件与 if 语句中的判断一样,结果为 True 或 False。

while 语句很简单,当条件判断为 True 时,循环体重复执行语句块中的语句;当条件为 False 时,循环终止,执行与 while 同级别缩进的后续语句。

前面的 for 循环也可以改为 while 循环。如输出 10 行,每行一个星号"＊",代码如下。

```
#输出 10 行,每行一个星号
i=1
while i<=10:
    print("＊")
    i=i+1
```

while 循环完成累加求和 s＝1＋1/2＋1/3＋⋯＋1/100,代码如下。

```
# 累加求和 s=1+1/2+1/3+1/4+⋯+1/100
s=0
i=1
while i<=100:
    item=1/i
    s=s+item
    i=i+1
print("s=", s)
```

8.4.4　break 和 continue

循环结构有两个保留字 break 和 continue,用来辅助控制循环执行。

break 用来跳出最内层的 for 或 while 循环,脱离该循环后,程序执行循环代码后面的代码。示例程序代码如下。

```
for s in "Python":
    if s=='t':
        break
    print(s, end='')
print('end')
```

for s in "Python"的意思是 s 遍历字符串"Python"的每一个字符,也就是 s 的值会分别为"P""y""t""h""o""n"。但当 s 的值为"t"时,if s＝＝'t'成立,就执行 break 语句,就是跳出 for 循环,执行 for 循环后的语句 print('end'),不再执行 print(s,end＝")语句。运行结果为:Pyend。

continue 用来结束当前当次循环,即跳出循环体中下面尚未执行的语句,进行下一次循环,示例程序代码如下。

```
for s in "Python":
    if s=='t':
        continue
    print(s, end='')
print('end')
```

for s in "Python"的意思是 s 遍历字符串"Python"的每一个字符。当 s 的值为"t"时,if s == 't'成立,执行 continue 语句,就是跳出当前本次循环,继续回到 for s in "Python",继续遍历字符串"Python",s 的值为"h",执行 print(s,end=' '),继续遍历,直到 s 的值为"n",输出"n",结束 for 循环,执行 for 循环后的语句 print('end')。运行结果为:Pyhonend。

8.4.5　猜数游戏

现在要完成一个小游戏,计算机选定一个数字,选手来猜这个数字是什么,运行效果如图 8.2 所示。

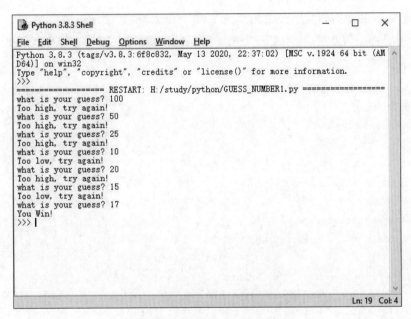

图 8.2　猜数游戏运行效果图

首先分析问题。分析的目的是明确问题已知条件和求解思路方法,和程序编写无关。猜数游戏是计算机事先选定一个整数,然后选手猜这个数字是多少。如果猜对了,就输出"You Win!"的信息;如果猜的数字大于选定的数字,就输出"Too high,try again!",接着再猜;如果猜的数字小于选定的数字,就输出"Too low,try again!"的信息,接着再猜。

按照程序编写的输入、处理、输出的逻辑步骤描述问题如下。

输入:需要输入选手猜的数字,是整数类型,由 input()函数输入,有提示信息"what

is your guess?"。

处理：考虑如何把分析问题的内容转换成 Python 程序，用 Python 的合法语法表达。这里需要有两个变量，一个保存计算机事先选定的数 secret，一个保存选手猜的数字 guess。"猜对"转换成 Python 语句就是 guess==secret；"猜的数字大于选定数字"就是 guess>secret；"猜的数字小于选定数字"就是 guess<secret。

猜不对，接着再猜，怎么表达呢？再猜的流程和第一次猜完全相同，计算机提示"what is your guess?"，选手输入一个整数，如果猜对了，退出（考虑退出语句如何写），如果猜错了，提示"Too high, try again!"或者"Too low, try again!"，这就是重复做一件相同的事情，用循环语句来表达。循环语句有两种，while 循环和 for 循环，这里不知道猜数的次数，所以选择 while 循环更合适。while 后面的条件写什么呢？好像没有条件，因为循环是在后面猜对了才退出的，可以用 while True 表示条件永远成立。

不过还有个小问题：计算机事先选定的数是多少呢？效果图 8.2 里是 17，如果固定为 17，第二次就不用猜了，直接输入 17 就正确了，那么这个游戏就不好玩了。现在暂时为 17，后面再修改为随机数，随机数函数产生随机数，这样即使写代码的人也不知道这个数是多少，可以确保游戏的公平性。

输出：处理数据的同时已经输出信息了，用 print() 函数输出信息。

分析问题，输入、处理、输出都考虑清楚了，就可以写出代码了。程序代码如下。

```python
secret=17
prompt="what is your guess? "
while True:
    guess=input(prompt)
    guess=eval(guess)
    if (secret==guess):
        print('You win!')
        break;
    elif secret> guess:
        print('Too low, try again!')
    else:
        print('Too high, try again!')
```

运行结果如下。

```
what is your guess? 20
Too high, try again!
what is your guess? 10
Too low, try again!
what is your guess? 17
You win!
```

计算机选定的数据不能固定为 17，需要采用随机数。下面先学习 random 库的使用，再来改进该程序。

8.5　random 库的使用

random 库主要用于产生各种分布的伪随机数序列。因此,只需要查阅该库中的随机数生成函数,找到符合需求的函数即可。表 8.5 列出了 random 库常用的 7 个随机数生成函数。

表 8.5　ramdom 库常用的 7 个随机生成函数

函　数	描　述
seed(a＝None)	初始化随机数种子,默认值为当前系统时间
random()	生成一个[0.0,1.0]之间的随机小数
randint(a,b)	生成一个[a,b]之间的整数
uniform(a,b)	生成一个[a,b]之间的随机小数
choice(seq)	从序列类型 seq(如列表)中随机返回一个元素
shuffle(seq)	将序列类型 seq 中的元素随机排列,返回打乱后的序列
sample(pop,k)	从 pop 类型中随机选取 k 个元素,以列表类型返回

random 库的引用和 turtle 库一样,可以采用以下两种方式实现。

```
import random
```

或

```
from random import *
```

使用 random 函数库的程序代码示例如下。

```
>>> import random
>>> random.random()
0.7535609465563357
>>> random.uniform(1, 10)
1.0341695030609261
>>> random.randint(1, 100)
37
>>> random.randrange(1, 100, 4)
65
>>> random.choice(range(100))
77
>>> ls=list(range(10))
>>> ls
```

```
[0, 1, 2, 3, 4, 5, 6, 7, 8, 9]
>>> random.shuffle(ls)
>>> ls
[4, 1, 7, 2, 0, 6, 5, 3, 9, 8]
```

生成随机数之前可以通过 seed() 函数指定随机数种子,随机数种子一般是整数,只要种子相同,每次生成的随机数序列也相同。这样便于测试数据。比如 seed(100)、randint(1,100),不管在哪里出现,都会产生相同的随机数。示例代码如下。

```
>>> random.seed(100)
>>> random.randint(1, 100)
19
>>> random.seed(100)
>>> random.randint(1, 100)
19
```

如果需要每次的数据都不同,则要每次指定不同的种子数。一般指定种子数为当前时间,这样每次的种子就不同了。示例代码如下。

```
>>> random.seed()
>>> random.randint(1, 100)
43
>>> random.seed()
>>> random.randint(1, 100)
30
```

在猜数游戏中计算机选定的数改为随机数的程序代码如下。

```
import random
random.seed()
secret=random.randint(1, 100)
prompt="what is your guess? "
while True:
    guess=input(prompt)
    guess=eval(guess)
    if (secret==guess):
        print('You win!')
        break;
    elif secret > guess:
        print('Too low, try again!')
    else:
        print('Too high, try again!')
```

8.6 本章小结

本章详细介绍了字符串类型及其操作,列表类型及其操作,循环结构的 for 循环和 while 循环语句,可以控制循环流程的 break 和 continue 语句,通过输出星号、累加求和、天天向上和猜数游戏的实例说明循环语句的使用方法。同时还简单介绍了组合数据类型的元组、字典以及 random 库的使用。本章的思维导图如图 8.3 所示。

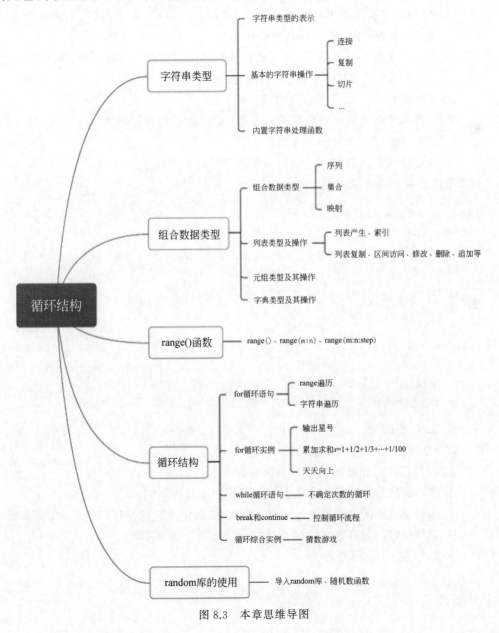

图 8.3　本章思维导图

8.7 习　　题

1. 单选题

(1) 以下关于 Python 的说法,不正确的是(　　)。

    A. 字符串包括两种序号体系:正向递增和反向递减

    B. 字符串是字符的序列,可以按照单个字符或者字符片段进行索引

    C. Python 字符串提供区间访问方式,采用$[N:M]$的格式,表示字符串中从 N 到 M 的索引子字符串(包含 N 和 M)

    D. 字符串是用一对双引号" "或者单引号' '括起来的零个或者多个字符

(2) 以下关于列表和字符串的描述,错误的是(　　)。

    A. 列表是一个可以修改数据项的序列类型

    B. 字符串和列表均支持成员关系操作符(in)和长度计算函数(len())

    C. 字符串是单一字符的无序组合

    D. 列表使用正向递增序号和反向递减序号的索引体系

(3) 下面代码的输出结果是(　　)。

```
for s in "HelloWorld":
    if s=='W':
        continue
    print(s, end="")
```

    A. Helloorld   B. Hello   C. HelloWorld   D. World

(4) 下面代码的输出结果是(　　)。

```
for s in "HelloWorld":
    if s=='W':
        break
    print(s, end="")
```

    A. Helloorld   B. World   C. Hello   D. HelloWorld

(5) 以下关于循环结构的描述,错误的是(　　)。

    A. 遍历循环对循环的次数是不确定的

    B. 非确定次数的循环的次数是根据条件判断来决定的

    C. 非确定次数的循环用 while 语句来实现,确定次数的循环用 for 语句来实现

    D. 遍历循环的循环次数由遍历结构中的元素个数来体现

(6) 下面代码的输出结果是(　　)。

```
s=['seashell', 'gold', 'pink', 'brown', 'purple', 'tomato']
print(s[1: 4: 2])
```

A. ['gold','pink','brown','purple','tomato']

B. ['gold','brown']

C. ['gold','pink','brown']

D. ['gold','pink']

(7) 下面代码的输出结果是(　　)。

```
s=['seashell', 'gold', 'pink', 'brown', 'purple', 'tomato']
print(s[4: ])
```

A. ['gold','pink','brown','purple','tomato']

B. ['purple']

C. ['seashell','gold','pink','brown']

D. ['purple','tomato']

2. 填空题

(1) 下面代码的输出结果是_____。

```
name="Python 语言程序设计"
print(name[2: -2])
```

(2) 下面代码的输出结果是_____。

```
weekstr="星期一星期二星期三星期四星期五星期六星期日"
weekid=3
print(weekstr[weekid * 3: weekid * 3+3])
```

(3) 下面代码的输出结果是_____。

```
ls=list(range(1, 4))
print(ls)
```

(4) 程序的三种控制结构分别是_____、_____和_____。

(5) Python 的两种循环语句分别是_____和_____。

3. 程序设计题

(1) 编写程序,输入一个整数(1～7),输出对应中文是星期几,如输入 3,输出"星期三",输入 6,输出"星期六"。

(2) 输入整数 n,计算 n 以内 3 的倍数的数之和。如输入 n 为 12,就是计算 $3+6+9$ 的和。

(3) "今有雉兔同笼,上有三十五头,下有九十四足,问雉兔各几何?"用循环语句编写程序,完成该鸡兔同笼问题的计算。

(4) "今有物不知几何,三三数之余二,五五数之余三,七七数之余二,问物几何?"编写程序,计算物体最少有多少个。

第 9 章 函 数

9.1　函数的基本使用

　　函数是一段具有特定功能的、可重用的语句组,可通过函数名进行功能调用。函数也可以看作是一段具有名字的子程序,可以在需要的地方调用并执行,不需要在每个需要的地方重复编写这些语句。每次使用函数可以提供不同的参数作为输入,以实现对不同数据的处理。

　　函数能够完成特定的功能。与黑盒类似,对函数的使用不需要了解函数内部实现原理,只需了解函数的输入输出方式即可。比如,计算三角正弦函数 sin 的值,通过函数 $\sin(x)$ 计算可以得到。只需要把参数 x 写正确,就会得到相应的正弦值。至于 $\sin(x)$ 是如何计算的,不需要关注。

　　有些函数是自己编写的,称为自定义函数;Python 安装包也自带了一些函数和方法,包括 Python 内置的函数(如 abs()、eval()),Python 标准库中的函数(如 math 库中的 sqrt())等。

　　使用函数主要有两个目的:降低编程难度和代码重用。函数是一种功能抽象,利用它可以将一个复杂的大问题分解成一系列简单的小问题,然后将小问题继续划分成更小的问题。当问题细化到足够简单时,就可以分而治之,为每个小问题编写程序,封装成函数。当各个小问题都解决了,大问题也就迎刃而解了。这是一种自顶向下的程序设计思想。函数可以在一个程序中的多个位置使用,也可以用于多个程序。需要修改代码时,只需要在函数中修改一次,所有调用位置的功能都更新了,这种代码重用降低了代码数量和代码维护难度。

9.1.1　函数的定义

　　Python 使用 def 保留字定义一个函数,语法形式如下。

```
def <函数名>(<参数列表>):
    <函数体>
    return <返回值列表>
```

函数名可以是任何有效的 Python 标识符。参数列表是调用该函数时传递给它的值,可以有 0 个、1 个或多个。当传递多个参数时,各参数由逗号分隔,当没有参数时,也要保留圆括号。函数定义中参数列表里面的参数称为形式参数,简称为"形参"。

函数体是函数每次被调用时执行的代码,由一行或多行语句组成。当需要返回值时,使用保留字 return 和返回值列表,函数也可以没有 return 语句,在函数体结束位置将控制权返回给调用者。

函数调用和执行的一般形式如下。

```
<函数名>(<参数列表>)
```

调用函数时,参数列表中给出要传入函数内部的参数,这类参数称为实际参数,简称"实参"。

【例 9.1】 杭州 2022 年亚运会的吉祥物是三个智能小伙伴"琮琮""莲莲""宸宸",它们邀请了 Mike,每人说一句欢迎语,再一起齐声说一句欢迎语,内容如下。

```
Welcome to Hangzhou!
Welcome to Hangzhou!
Welcome to Hangzhou!
Dear Mike, Welcome to Hangzhou!
```

编写程序完成上面 4 行文字输出。最简单的实现方法是重复使用 print() 语句,程序代码如下。

```
print("Welcome to Hangzhou!")
print("Welcome to Hangzhou!")
print("Welcome to Hangzhou!")
print("Mike, Welcome to Hangzhou!")
```

这里输出的前 3 句话完全相同,如果有更多人说这句话,就要写更多相同的 print() 语句输出。假如需要将 Hangzhou 改为 China,则每个地方都需要修改。如果要邀请更多人,得把类似的语句再写一遍,比如邀请 Kate,内容如下。

```
print("Welcome to Hangzhou!")
print("Welcome to Hangzhou!")
print("Welcome to Hangzhou!")
print("Kate, Welcome to Hangzhou!")
```

为了减少重复代码,避免一个变化引起多处修改的情况,可以用函数对代码进行封装。通过两个函数来完成,使用函数的代码如下。

```
1  def welcome():
2      print("Welcome to Hangzhou!");
3  def welcomeB(name):
4      welcome()
5      welcome()
6      welcome()
7      print("{}, Weclome to Hangzhou!".format(name))
```

```
 8  welcomeB("Mike")
 9  print()
10  welcomeB("Kate")
```

该程序的输出结果如下。

```
Welcome to Hangzhou!
Welcome to Hangzhou!
Welcome to Hangzhou!
Mike, Weclome to Hangzhou!

Welcome to Hangzhou!
Welcome to Hangzhou!
Welcome to Hangzhou!
Kate, Weclome to Hangzhou!
```

这里定义了两个函数：一个是 welcome()，没有参数；另一个是 welcomeB(name)，括号中的 name 是形参，用来指代要输入函数的实际变量，参与完成函数内部的功能。第 8 行和第 10 行调用两次 welcomeB() 函数，输入的 Mike 和 Kate 是实参，替换 name，用于函数执行。

9.1.2　函数的调用过程

程序调用一个函数需要执行以下 4 个步骤。

（1）调用程序在调用处暂停执行。

（2）调用时将实参传递给函数的形参。

（3）执行函数体语句。

（4）函数调用结束给出返回值，程序回调到前面暂停处继续执行。

对例 9.1 的代码进行跟踪执行分析。第 1 行到第 7 行是函数定义，函数只有在被调用时才执行，因此，前 7 行代码不直接执行。程序最先执行的语句是第 8 行的 welcomeB("Mike")。程序执行到这行时，由于调用了 welcomeB() 函数，当前程序执行暂停，用实参 Mike 替换 welcomeB(name) 中的形参 name，形参被赋值为实参的值，类似执行了如下语句。

```
name="Mike"
```

然后，使用实参代替形参执行函数体内容。函数执行完毕后，重新回到第 8 行，继续执行下面的第 9 行语句。函数第 8 行的执行过程如图 9.1 所示，这里函数 welcomeB (name) 的变量 name 被自动替换为 Mike。

当程序执行 welcomeB() 的函数体时，第一条执行语句是 welcome() 函数，这也是一个函数调用。因此程序暂停执行 welcomeB() 函数，将控制传递给被调用的函数 welcome()。welcome() 函数体包含一个简单的 print 语句，该语句执行后函数体结束，程序重新返回调用 welcome() 函数的位置。图 9.2 给出了 welcome() 函数调用和返回的执行过程。

　　　　　　计算思维与 Python 编程基础(微课版)

图 9.1　welcomeB("Mike")的调用

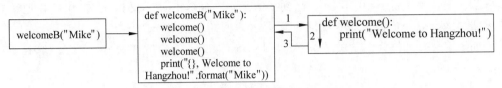

图 9.2　welcome()函数的调用过程

程序执行完 welcomeB()函数体后,返回调用该函数的调用位置,继续执行,如图 9.3 所示。

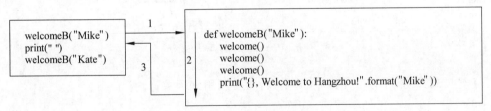

图 9.3　welcomeB()函数的调用和返回

9.1.3　函数实例

循环语句可以完成累加求和,比如计算 $1+2+3+\cdots+100$。如果有多个累加求和的计算,如 $1+2+3+\cdots+100$、$1+2+3+\cdots+n$、$10+11+12+\cdots+n$。可以考虑用函数来完成。

【例 9.2】　完成求和的函数 sum(m,n),函数功能是计算 $m\sim n$ 每个数值的累加和。如 sum(1,100)就是计算 $1+2+3+\cdots+100$。然后输入数值 x 和 y,调用函数 sum 来计算 $x\sim y$ 每个数值的累加和。

分析:这里函数设计有两个形式参数 m 和 n,需要返回计算出的累加和,通过 return 返回值。

```
1 def sum(m, n):
2     s=0
3     for i in range(m, n+1):
4         s=s+i
5     return s
6 x=eval(input())
```

```
7 y=eval(input())
8 print(sum(x, y))
```

代码 def sum(m,n)是定义函数,定义函数名为 sum,有两个形式参数,分别是 m 和 n,到 return s 结束函数定义。函数只有在调用后才会执行。

代码在第 6 行 x＝eval(input())开始执行,输入数据 x 和 y,print(sum(x,y))语句先执行 sum(x,y),就是调用函数 sum,把实际参数 x 和 y 分别传递给形式参数 m 和 n。然后就从函数第 1 行 s＝0 开始执行,到函数最后一行 return s 退出函数 sum,并把 s 的值返回出来。print()输出的值就是函数 sum 返回的值。

如果输入 x 的值为 1,y 的值为 100,则 print(sum(x,y))就变成 print(sum(1,100)),如图 9.4 所示。

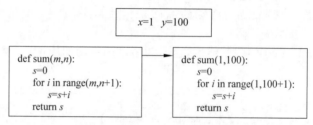

图 9.4　sum(1,100)的调用过程

【例 9.3】　编写计算 n 的阶乘的函数,然后调用该函数,计算 s＝1!＋2!＋3!＋4!＋5!＋6!。

分析:首先得有函数名,函数名的取名规则和普通变量相同。为了见名知意,采用对应的英文单词。阶乘的英文单词是 factorial,这里取函数名为 factorial。写函数就像写普通程序一样,不同的是普通程序的输入变成了函数的形式参数,普通程序的输出一般变成了函数的返回值。计算 n 的阶乘,首先需要知道 n 的值,这个是已知条件。在普通程序里是输入值,在函数里就是形式参数。计算出 n 的阶乘结果,就作为返回值 return 返回出来。

函数不被调用,是不会执行的。本例子需要调用 6 次。

1! 就是 factorial(1)。

2! 就是 factorial(2)。

3! 就是 factorial(3)。

4! 就是 factorial(4)。

5! 就是 factorial(5)。

6! 就是 factorial(6)。

调用可以通过循环完成,循环遍历 1～6,计算阶乘并累加阶乘和。把上面的分析过程编写成程序,代码如下。

```
def factorial(n):
    s=1
    for i in range(1, n+1):
```

──────── 计算思维与 Python 编程基础(微课版)

```
        s=s * i
    return s
sum=0
for i in range(1, 7):
    sum=sum+factorial(i)
print(sum)
```

9.2　函数的参数传递

9.2.1　可选参数和可变参数

定义函数时,如果有些参数存在默认值,这些参数不一定需要调用程序来输入,可以在定义函数时直接为这些参数指定默认值。当函数被调用时,如果没有传入对应的参数值,则使用函数定义时的默认值替代,实例程序代码如图 9.5 所示。

```
def dup(str, times = 2):
    print(str * times)
dup("hello~")
输出:　hello~hello~
```

(a) 使用默认参数值

```
def dup(str, times = 2):
    print(str * times)
dup("hello~", 4)
输出:　hello~hello~hello~hello~
```

(b) 使用实际参数值

图 9.5　函数默认参数调用

函数 dup 有两个形式参数 str 和 times,其中 times 在定义时就被赋值为 2,表示如果函数被调用时没传入第二个参数,就采用定义时指定的默认值 2。在图 9.5(a)中,实际调用时,dup("hello～")只有一个实际参数"hello"传给形参 str;没有实际参数传给 times,于是 times 的值为 2,函数的功能就是输出两次"hello"。在图 9.5(b)中,实际调用时,dup("hello",4)有两个实际参数,分别赋值给形参的 str 和 times;函数的功能就是输出 4 次"hello"。

由于调用函数时需要按顺序输入参数,因此可选参数必须定义在非可选参数的后面,即 dup()函数中默认值的可选参数 times 必须定义在 str 参数后面。

9.2.2　参数的位置传递和名称传递

调用函数时,实参默认采用按照位置顺序的方式传递给函数,例如 dup("hello～",4)中第一个参数默认赋值给形参 str,第二个参数赋值给形参 times。这种按照位置传递参数的方法固然好,但当参数很多时,这种调用参数的方式可读性较差。假设 func()函数由 6 个参数分别表示两组三维坐标值,代码如下。

```
func(x1, y1, z1, x2, y2, z2):
```

它的一个实际调用例子如下。

```
result=func(1, 2, 3, 4, 5, 6)
```

如果仅看实际调用而不看函数定义,很难理解这些输入参数的含义。在规模稍大的程序中,函数定义可能在函数库中,也可能与调用相距很远,因此可读性较差。

为了解决上述问题,Python 提供了按照各种形参名称输入实参的方式,此时函数调用如下。

```
result=func(x2=4, y2=5, z2=6, x1=1, y1=2, z1=3)
```

由于调用函数时指定了参数名称,所以参数之间的顺序可以任意调整。

9.2.3　函数的返回值

return 语句用来退出函数,并将程序返回到函数被调用的位置继续执行。return 语句可以同时将 0 个、1 个或多个函数运算后的结果返回到函数被调用处,如图 9.6 所示。

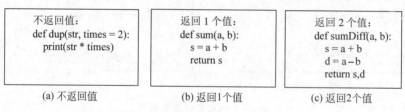

图 9.6　函数返回不同个数的值

函数可以没有 return,此时函数并不返回值。函数也可以用 return 返回多个值,多个值类似元组保存。下列代码的元组形式返回两个值,代码运行结果为(7,3)。

```
def sumDiff(a, b):
    s=a+b
    d=a-b;
    return s, d
print(sumDiff(5, 2))
```

9.3　datetime 库

Python 提供了很多标准库,比如绘图库 turtle、数学函数库 math、生成随机数的 random 库,这些库让用户写代码变得简单、方便。

datetime 库是 Python 提供的一个处理时间的标准库,它提供了一系列操作时间的函数。

9.3.1　datetime 库概述

Python 提供了一个处理时间的标准库函数 datetime，它提供了一系列简单到复杂的时间处理方法。datetime 库可以从系统中获得时间，并以用户选择的格式输出。

datetime 库以格林尼治时间为基础，每天由 3600×24 秒精准定义。该库包括两个常量：datetime.MINYEAR 与 datetime.MAXYEAR，分别表示 datetime 所能表示的最小、最大年份，值分别是 1 与 9999。

datetime 库以类的方式提供多种日期和时间表达方式。

datetime.date：日期表示类，可以表示年、月、日等。

datetime.time：时间表示类，可以表示小时、分钟、秒、毫秒等。

datetime.datetime：日期和时间表示的类，功能覆盖 date 和 time 类。

datetiime.timedelta：与时间间隔有关的类。

datetime.tzinfo：与时区有关的信息表示类。

由于 datetime.datetime 类的表达形式最为丰富，这里主要介绍这个类的使用。使用 datetime 类需要用 import 保留字，引用 datetime 类的方式如下。

```
from datetime import datetime
```

9.3.2　datetime 库解析

datetime 类的使用方式是首先创建一个 datetime 对象，然后通过对象的方法和属性显示时间。创建 datetime 对象有以下 3 种方法：datetime.now()、datetime.utcnow() 和 date.datetime()。

1. datetime.now()

使用 datetime.now() 获得当前日期和时间对象，使用方法如下。

作用：返回一个 datetime 类型，表示当前的日期和时间，精准到微秒。

参数：无。

调用该函数，执行结果如下。

```
>>> from datetime import datetime
>>> today=datetime.now()
>>> today
datetime.datetime(2021, 4, 10, 16, 16, 14, 313089)
```

2. datetime.utcnow()

使用 datetime.utcnow() 获得当前日期和时间对应的世界标准时间的时间对象，使用方法如下。

作用：返回一个 datetime 类型，表示当前日期和时间的世界标准时间表示，精确到微秒。

参数：无。

调用该函数,执行结果如下。

```
>>> today=datetime.utcnow()
>>> today
datetime.datetime(2021, 4, 10, 8, 17, 41, 508517)
```

3. strftime()

如果只输出年、月、日或某种指定格式,需要借助 strftime() 格式化输出。strftime() 方法是时间格式化最有效的方法,几乎可以以任何通用格式输出时间,表 9.1 是常见的几种格式化控制符的使用方法。

表 9.1 strftime()方法的格式化控制符

格式化控制符	日期/时间	值的范围和实例
%Y	年份	0001～9999,如 2020
%m	月份	01～12,如 10
%B	月份名	January～December,如 April
%b	月份名缩写	Jan～Dec,如 Apr
%d	日期	01～31,如 20
%A	星期	Monday～Sunday,如 Wednesday
%a	星期缩写	Mon～Sun,如 Wed
%H	小时(24 小时制)	00～23,如 11
%M	分钟	00～59,如 32
%S	秒	00～59,如 24
%x	日期	月/日/年,如 04/10/2021
%X	时间	时:分:秒,如 18:30:05

用 strftime() 方法对时间格式化的代码如下。

```
>>> from datetime import datetime
>>> now=datetime.now()
>>> now.strftime("%Y-%m-%d")
'2021-04-10'
>>> print("今天是{0: %Y}年{0: %m}月{0: %d}日".format(now))
今天是 2021 年 04 月 10 日
```

9.4　代码复用和模块化设计

函数是程序的一种基本抽象方式,它将一系列代码组织起来,通过命名供其他程序使用。函数封装的直接好处是代码复用,任何其他代码只要输入参数即可调用函数,从而避免相同功能代码在被调用处重复编写。代码复用有另一个好处,即更新函数功能时,所有被调用处的功能都被更新。

对于规模较大的程序设计,一般采用自顶向下的方法。自顶向下的方法就是把大的复杂问题分解成小问题后再解决。面对一个复杂的问题,首先进行上层(整体)分析,按组织和功能将问题分解成子问题,如果子问题仍然十分复杂,再作进一步分解,直到处理对象相对简单,容易解决为止。在这个过程中,每次分解都是对上一层问题进行细化和逐步求精。编程时,分解出的每个问题当作一个模块来处理。

模块化设计指通过函数或对象的封装功能将程序划分为主程序、子程序和子程序间关系的表达。模块化设计是使用函数和对象设计程序的思考方法,以功能块为基本单位,一般有以下两个基本要求。

(1)紧耦合:尽可能合理地划分功能块,功能内部耦合紧密。

(2)松耦合:模块间的关系尽可能简单,功能块之间的耦合度低。

使用函数只是模块化设计的必要非充分条件,根据计算需求合理划分函数十分重要。一般来说,完成特定功能或被经常复用的一组语句应该采用函数来封装,并尽可能减少函数间参数和返回值的数量。

一般地,阅读程序先看主程序框架,大致了解程序功能,对于其调用的各个函数,只需要明白其功能。很多库函数,只需要会调用即可,不需要理解其实现过程。在函数方式下,编写程序就是组装函数的过程。

9.5 本 章 小 结

本章介绍了函数的定义、函数的调用过程、函数的参数传递及函数应用的实例,还介绍了使用 datetime 库来显示时间,最后介绍了模块化设计的方法,本章的思维导图如图 9.7 所示。

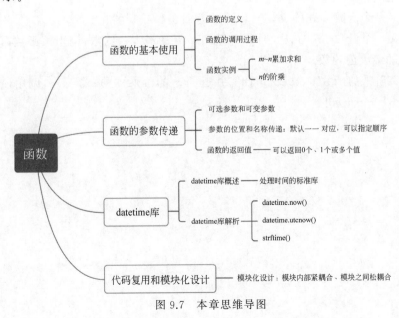

图 9.7 本章思维导图

9.6 习　　题

1. 单选题

(1) 在 Python 中,定义函数的关键字是(　　)。

　　A. def　　　　　　B. define　　　　　C. function　　　　D. defunc

(2) 下列不是使用函数的优点是(　　)。

　　A. 减少代码重复　　　　　　　　B. 使程序更加模块化

　　C. 使程序便于阅读　　　　　　　D. 为了展示程序员水平

(3) 下面的代码中,(　　)变量是形式参数。

```
def fun(x):
    s=1;
    for i in range(x+1):
        s=s+i
    return s
fact=fun(6)
print(fact)
```

　　A. x　　　　　　　B. s　　　　　　　C. fact　　　　　　D. 6

(4) 下列关于函数的说法,正确的是(　　)。

　　A. 函数必须有参数　　　　　　　B. 函数必须有返回值

　　C. 函数被调用才会执行　　　　　D. 函数定义了就会执行

2. 编写程序

(1) 定义一个函数 $sum(a,b,c)$,计算并返回 $a+b+c$ 的和。

(2) 定义一个函数 $fun(a,b)$,计算并返回 a、b 的最大公约数;调用该函数,计算并输出 36 和 48 的最大公约数。

(3) 定义阶乘的函数 $factor(n)$,计算并返回 n 的阶乘($n!$);输入 m,调用该函数,计算 $1!+2!+3!+\cdots+m!$。

第10章 算法实现

在上篇的第 5 章,我们已经学习了什么是算法,以及一些经典算法,如穷举法、贪心法、递推法、递归法、回溯法、动态规划、排序和查找等算法,侧重算法的理论学习。本章通过具体的案例来讲解算法,然后用 Python 编程来实现算法。通过理论联系实践的方法可以掌握经典算法,并能应用算法在实际生活中解决问题。

10.1 猜车牌号问题——穷举法

1. 问题

已知车牌后 4 位数字有如下规则。

(1) 车牌号的前 2 位数字是相同的,但不是 0。

(2) 车牌号的后 2 位数字也是相同的,但与前两位不同。

(3) 车牌号的后 4 位数字刚好是一个整数的平方。

求车牌号后 4 位可能是多少?

2. 求解思路

(1) 抽象问题:车牌号后 4 位是 CCDD 样式,其中 C 不等于 0,且 C 不等于 D,并且 CCDD 是一个整数的平方。

(2) 算法设计:根据题意,可知 C 的取值区间是[1,9],D 的取值区间是[0,9],且 C≠D,可以用穷举法来逐一列举所有 CCDD 的可能,并对每一个 CCDD 进行判断,是否是一个整数的平方? 如果是,则该 CCDD 就是车牌号的后 4 位。怎么判断某个整数 N 是另一个整数的平方呢? 可以采取先对 N 的平方根取整数部分 k,判断 k 的平方是否等于 N。比如 99 的平方根是 9.949,通过 int(9.949) 取整数部分的值为 9,而 9 的平方等于 81,所以 99 不是另一个整数的平方。100 的平方根是 10.0,取整数部分的值为 10,10 的平方等于 100,所以 100 是另一个整数 10 的平方。

3. 代码实现

```
import math
for C in range(1, 10):
    for D in range(0, 10):
        if C!=D:
            S=C * 1000+C * 100+D * 10+D
```

```
K=int(math.sqrt(S))          #sqrt()用于计算一个非负实数的平方根
if K * K==S:
    print("后4位车牌号是: ", S)
```

4. 输出结果

后4位车牌号是: 7744

5. 总结

穷举法常用于解决"是否存在"和"有多少种可能"的问题。应用穷举法时,应注意对问题涉及的有限种情形进行一一列举,既不能重复,又不能遗漏。穷举法常用循环结构来实现。从理论上讲,穷举法可以解决可计算领域中的各种问题。

10.2 猜班级人数问题——二分法

1. 问题

两个小伙伴一起玩猜班级人数的游戏。已知A同学的班级人数不超过n,如果B猜大了,A就回答"猜大了",如果B猜小了,A就回答"猜小了",猜错的时候B都会继续猜。如果B猜对了,A就回答"猜对了",游戏结束。

2. 求解思路

抽象问题:如何快速查找数列1到n里的目标数字。

输入:n。即给定猜数的最大极限。

算法设计:1到n为一个有序数列,进行二分查找算法能快速解决问题。设定查找的数据区间为array[low,high],查找步骤如下。

(1) 确定该区间中间位置的索引序号为$k=(low+high)/2$。

(2) 将查找的值T与array[k]比较:若相等,则查找成功,并返回此位置;否则就将当前查找区间缩小一半。多次查找,直至寻找到指定值即可。新的区域确定方法如下。

① 若array[k]>T,由数据是有序的可知array[$k,k+1,\cdots,high$]>T,故新的区间为array[$low,\cdots,k-1$]。

② 若array[k]<T,由数据是有序的,可知array[$low,low+1,\cdots,k$]<T,故新的区间为array[$k+1,\cdots,high$]。

二分查找算法的流程如图10.1所示。

3. 代码实现

```
def search(array, target):
    low, high, mid=0, len(array)-1, -1
    while low<=high:
        mid=(low+high)//2
        if array[mid]==target:        #当array[mid]正好为target
            print("猜的数是{: d}, 猜对了!".format(array[mid]))
            return mid
```

计算思维与 Python 编程基础(微课版)

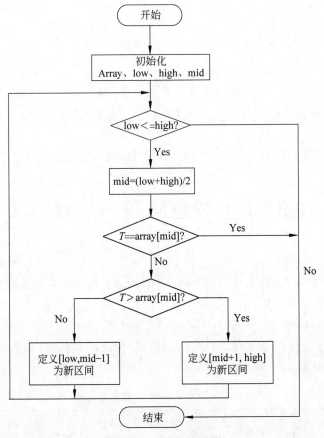

开始

初始化
Array、low、high、mid

low<=high?

Yes

mid=(low+high)/2

T==array[mid]?   Yes

No

T>array[mid]?

No   Yes

定义[low,mid-1]   定义[mid+1, high]
为新区间   为新区间

No

结束

图 10.1　二分法流程图

```
    elif array[mid]<target:    #当 array[mid]小于 target
        low=mid+1
        print("猜的数是{: d}, 猜小了!".format(array[mid]))
    else:                      #当 array[mid]大于 target
        high=mid-1
        print("猜的数是{: d}, 猜大了!".format(array[mid]))
    return -1

array=range(1, 101)            #设定班级人数最多 100 人, 最少 1 人
target=30                      #设定 A 同学所在班级人数为 30
result=search(array, target)
print("A 同学的班级人数为：{: d}".format(array[result]))
```

4. 输出结果

猜的数是 50, 猜大了!

猜的数是 25, 猜小了!

猜的数是 37, 猜大了!

猜的数是 31, 猜大了!

猜的数是 28, 猜小了!

猜的数是 29，猜小了！

猜的数是 30，猜对了！

A 同学的班级人数为：30

5. 总结

二分法查找可以将一个问题分割成一些小问题，每分割一次，问题规模就减少，小到最后可以很简单解决。对于有序排列的数列查找问题，它是一种效率非常高效的查找方法。

思考：如果给定的查找序列有重复元素，上述算法该做何种优化？

10.3 0-1 背包问题——贪心法

1. 问题

超市正在举办限时抢购活动，在规定的时间内只能用一个袋子尽量装货架上的商品，袋子能装的总重量固定，结束时计算袋子里商品总价值，总价值最高的客户可以按原价 3 折买入袋子里的所有商品。请问，在不超过总重量的限制下，客户该选中带走哪些商品才能总价值最高呢？为了分析方便，假设总共只有 5 种商品，袋子的总承重是 10kg，5 种商品的价值和重量如表 10.1 所示。

表 10.1 5 种商品的价值、重量和性价比

商 品	属 性		
	重量(w)/kg	价值(v)/元	性价比(v/w)/元·kg^{-1}
d_1	2	3	1.5
d_2	2	6	3
d_3	6	5	0.83
d_4	5	4	0.8
d_5	4	6	1.5

2. 求解思路

抽象问题：要在一定重量 w 内总价值 v 最高，需要选择当前的性价比最高的商品，即按照性价比（v/w）从大到小的值来挑选，会有最优解。

输入：设置商品重量为 weight，价值为 value，总重量为 C。

算法设计：利用贪心算法来解决问题，用自然语言描述该算法步骤如下。

（1）计算 n 种商品的性价比（v/w）。

（2）将所有商品按照性价比的值从大到小排序。

（3）每次选取性价比最高的商品。

（4）如果商品总重量超出 C，则不再选取商品，结束。

计算思维与 Python 编程基础(微课版)

3. 代码实现

初始化输入函数的实现代码如下。

```python
#初始化设置
def Initial():
    '''确定商品重量、价值和背包总重量'''
    option=input('是否选择使用默认数据(Y/N): ')
    if option=='Y':
        weight=[2, 2, 6, 5, 4]
        value=[3, 6, 5, 4, 6]
        C=10
    else:
        weight=list(map(int, input('请输入商品重量,用空格分开: ').split()))
        value=list(map(int, input('请输入相应的商品价值,用空格分开: ').split()))
        C=int(input('请输入袋子总重量限制: '))
    item=list(zip(weight, value))
    print('重量,价值: '+item.__str__()+'\n总重量限制: '+C.__str__())
    return item, C
```

然后用一个函数实现了性价比贪婪选择策略,函数最终返回的结果是按照该选择方法对商品排序后的索引值,以供算法函数使用。贪婪选择策略的实现代码如下。

```python
#贪婪选择策略
#import numpy as np
def Effectiveness(item):
    '''选性价比最高的商品'''
    number=len(item)
    data=np.array(item)                        #创建数组
    data_list=[0] * number
    for i in range(number):
        data_list[i]=(data[i, 1])/(data[i, 0])
    data_set=np.array(data_list)               #创建性价比数组
    idex=np.argsort(-1 * data_set)             #按性价比从高到低返回商品索引值
    return idex
```

设计贪心算法函数,实现具体的问题解决过程,用初始化的数据和索引值作为参数,计算后返回一组最优化选择的结果。贪心算法函数的实现代码如下。

```python
#贪心算法
def GreedyAlgo(item, C, idex):
    number=len(item)
    status=[0] * number
    total_weight=0
```

```
total_value=0
for i in range(number):
    if item[idex[i], 0] <=C:
        total_weight+=item[idex[i], 0]
        total_value+=item[idex[i], 1]
        status[idex[i]]=1
        C -=item[idex[i], 0]
    else:
        Continue   #若已加入商品重量超过规定值,跳过此次循环
return total_weight, total_value, status
```

主函数通过调用以上函数最终实现问题的解决方案,并打印出贪心算法的最优结果。主函数的代码如下。

```
#主函数
def main():
    item0, C=Initial()
    item=np.array(item0)
    idex_Effectiveness=Effectiveness(item)
    results_Effectiveness=GreedyAlgo(item, C, idex_Effectiveness)
    print(results_Effectiveness)
```

在 Python 脚本文件中,除了上述几个函数,还需要两行代码才可以实现运行,运行代码如下。

```
import numpy as np
main()
```

这里引入了 numpy 库。numpy 库是 Python 的一种开源的数值计算扩展,即一个用 Python 实现的科学计算包。Python 官网上的发行版是不包含 numpy 模块的,需要先安装 numpy,最简单的方法就是使用 pip 工具来安装。代码如下。

```
pip3 install --user numpy scipy matplotlib
```

--user 选项可以设置只安装在当前的用户下,而不是写入到系统目录下。

4. 输出结果

程序的运行结果如下。

```
是否选择使用默认数据(Y/N):Y
重量,价值:[(2, 3), (2, 6), (6, 5), (5, 4), (4, 6)]
总重量限制:10
(8, 15, [1, 1, 0, 0, 1])
```

用贪心法最后选择的结果是:袋子总重量是 8kg,总价值是 15 元,此时确实是最优解。如果换一下商品的初始重量和价值,程序的运行结果如下。

是否选择使用默认数据(Y/N)：N
请输入商品重量,用空格分开：2 4 5 3 5 2
请输入相应的商品价值,用空格分开：2 3 1 5 4 3
请输入袋子总重量限制：10
重量,价值：[(2, 2), (4, 3), (5, 1), (3, 5), (5, 4), (2, 3)]
总重量限制：10
(7, 10, [1, 0, 0, 1, 0, 1])

按照贪心策略,客户第 1 次选择第 4 件商品,第 2 次选择第 6 件商品,第 3 次选择第 1 件商品,此时袋子总重量达到 7kg,第 4 次选择第 5 件商品,第 5 件商品重量为 5kg,超出袋子的总重量限制,贪心算法结束。但实际上,如果选择第 4、5、6 件商品,总重量为 10,商品价值为 12 元,明显要优于贪心算法。可见在商品不可分割的情况下,原问题的整体最优解无法通过一系列局部最优解组合得到。

如果商品是可分割的,按照贪心策略,小李同学在第 4 次选择第 5 件商品,第 5 件商品重量为 5kg,超出袋子的总重量限制,于是将第 5 件商品切割了 3/5 装入袋子,此时袋子的总重量为 10kg,价值为 12.6 元,此时贪心法获得的结果是全局最优解。

5. 总结

商品可分割的问题属于"背包问题",不可分割的问题则属于"0-1 背包问题"(要么拿走完整的 1 件,要么拿走 0 件)。在商品不可分割的情况下,已经不具有贪心选择的特征,这类问题用贪心算法得到的是近似解。如果一个问题不要求得到最优解,而只需要一个最优解的近似解,则不管该问题有没有贪心选择的特征,都可以使用贪心算法。如果要求"0-1 背包问题"的最优解,则应选用动态规划算法。

10.4 爬楼梯问题——递推法

1. 问题

已知一层楼梯为 15 级,每次只能上 1 级、2 级或 3 级台阶,要走完 15 级楼梯,一共有多少种方法？

2. 求解思路

问题分析：假设台阶级数为 n,$f(n)$ 为爬 n 级台阶的方法数。

(1) 1 级台阶,方法数为 $f(1)$：1 步跨 1 级,$f(1)=1$。

(2) 2 级台阶,方法数为 $f(2)$：1 步跨 1 级来 2 次,或 1 步跨 2 级,$f(2)=2$。

(3) 3 级台阶,方法数为 $f(3)$：1 步跨 1 级来 3 次;1 步跨 1 级,再 1 步跨 2 级,或 1 步跨 2 级,再 1 步跨 1 级;或 1 步跨 3 级,$f(3)=4$。

(4) 4 级台阶,方法有 $f(4)$ 种,最后一步到达第 4 级台阶,那前一步可能会在哪里呢？前一步可能在第 1(4-3)级,一步跨 3 级到第 4 级台阶;前一步还可能在第 2(4-2)级,再一步跨 2 级到第 4 级台阶;前一步还可能在第 3(4-1)级,再一步跨 1 级到第 4 级台阶。那到达第 4 级台阶的方法数 $f(4)=f(4-3)+f(4-2)+f(4-1)$。

（5）以此类推，n 级台阶，方法有 $f(n)$ 种，最后一步到达第 n 级台阶，那前一步可能会在哪里呢？前一步可能在第 $n-3$ 级，一步跨 3 级到第 n 级台阶；前一步还可能在第 $n-2$ 级，一步跨 2 级到第 n 级台阶；前一步还可能在第 $n-1$ 级，一步跨 1 级到第 n 级台阶。那到达第 n 级台阶的方法数 $f(n)=f(n-3)+f(n-2)+f(n-1)$。

从 1、2、3、4 级台阶跨越推导出递推公式 $f(n)=f(n-3)+f(n-2)+f(n-1)$，初始条件 $f(1)=1, f(2)=2, f(3)=4$。

3. 代码实现

```
#爬楼梯问题的递推算法 Python 实现代码：
def upStairs(n):
    if n==1:
        return 1
    if n==2 :
        return 2
    if n==3:
        return 4
    a, b, c=1, 2, 4
    result=0
    for i in range(4, n+1):
        result=a+b+c
        a=b
        b=c
        c=result
    return result
print(upStairs(15))
```

4. 输出结果

```
5768
```

5. 总结

递推算法求解的题目一般有以下两个特点。

（1）问题可以划分成多个状态。

（2）除初始状态外，其他各状态都可以用固定的递推关系式来表示。

在实际解题中，题目不会直接给出递推关系式，而是需要通过分析各种状态找出递推关系式。

10.5 汉诺塔问题——递归法

1. 问题

汉诺塔问题。印度有一个古老的传说：梵天创造世界的时候做了 3 根金刚石柱子，在一根柱子上从下往上按照大小顺序摞着 64 片黄金圆盘；梵天命令婆罗门把圆盘从下面开始按大小顺序重新摆放在另一根柱子上；并且规定小圆盘上不能放在大圆盘上，在 3 根柱子之间一次只能移动一个圆盘。为简化问题，可以先考虑 7 层汉诺塔问题，如图 10.2 所示。

图 10.2　七层汉诺塔

七层汉诺塔问题描述如下：玩具共有 A、B 和 C 三根柱子，游戏开始前，A 柱上有 7 个圆盘，所有圆盘按从大到小的次序从柱底堆放至柱顶；玩家把 A 柱上的所有圆盘移动到 C 柱上去，每次只能移动一个圆盘，任何时候都不能把一个圆盘放在比它小的圆盘上面，期间可以借助于 B 柱的帮助。用计算机来模拟移动圆盘的过程，输出每一步的移动操作。

2. 求解思路

问题分析如下：先从最简单的模型开始，假如 A 柱有 2 个圆盘，我们的任务是把这两个圆盘按照规则（小圆盘叠在大圆盘上）移到 C 柱上。首先把 2 号圆盘从 A 柱移动到 B 柱，然后把 1 号圆盘从 A 柱移动到 C 柱，最后把 2 号圆盘从 B 柱移动到 C 柱，完成任务。操作步骤如图 10.3 所示。

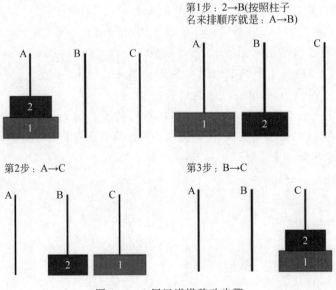

图 10.3　2 层汉诺塔移动步骤

在初始状态时,A柱上的圆盘有7个,编号为1～7,移动步骤很复杂,但可以通过一种递归的方法把复杂的问题简单化。第一步,把上面6个(编号2～7)圆盘当作整体,这样就和2个圆盘的方法类似了,即把上面6个圆盘移到B柱;第二步,把1号圆盘从A柱移到C柱;第三步,再把上面6个圆盘(编号2～7)从B柱移到C柱。完成任务,步骤如图10.4所示。

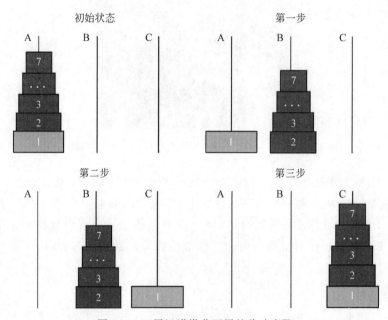

图 10.4　7层汉诺塔分两层的移动步骤

接着就是考虑:上面6个圆盘如何按要求从A柱移动到B柱?和移动7个圆盘的方法类似,把上面5个圆盘当作整体,移走上面5个圆盘,然后只移动最下面那个,再把5个圆盘移动到正确位置。以此类推,到最顶部的4个、3个、2个,2个时就是刚才分析的方法了。

问题抽象:对于汉诺塔问题的求解,可以抽象为以下3步实现。

(1) 将A柱上的 $n-1$ 个圆盘借助C柱先移动到B柱上。

(2) 把A柱上剩下的一个圆盘移动到C柱上。

(3) 将 $n-1$ 个圆盘从B柱借助A柱移动到C柱上。

算法设计:用递归算法来完成,n 个圆盘的操作流程图如图10.5所示,用接近代码的语言来描述,移动步骤如下。

(1) $n-1$ from A→B。

(2) 1 from A→C。

(3) $n-1$ from B→C。

3. 代码实现

```
def hano(n, a, b, c):
    if n==1:
```

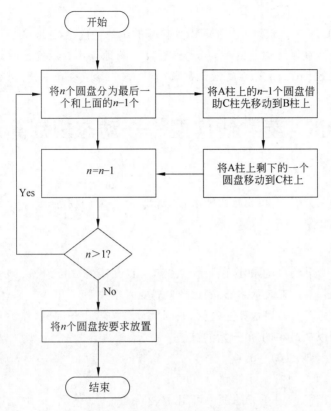

图 10.5　汉诺塔问题求解流程图

```
        print(a, "--->", c)
        return None
    else:
        hano(n-1, a, c, b)#n-1个圆盘从a借助c移动到b
        print(a, "--->", c)
        hano(n-1, b, a, c)#n-1个圆盘从b借助a移动到c
a="A"
b="B"
c="C"
n=3    #这里取n=3示例
hano(n, a, b, c)
```

4. 输出结果

```
A--->C
A--->B
C--->B
A--->C
B--->A
B--->C
A--->C
```

5. 总结

递归函数,就是一个函数在内部调用其自身的函数。以上的 hano() 函数就是一个很经典的递归函数。在循环语句的 else 部分,通过不断地调用自己完成移动。hano() 函数中总共有 4 个参数:n、a、b、c,在每次函数调用时,这些参数都在变化。

10.6　凑零钱问题——动态规划算法

1. 问题

现有面值为 1 元、3 元和 5 元的硬币若干,要买 11 元的商品,要拿出最少多少个硬币来买单?

2. 求解思路

问题抽象:硬币数目的最小单元是 1、3、5。假设钱的数目为 m,则 $m=1\times x+3\times y+5\times z$,求 $d(m)=n$ 来表示凑够 m 元最少需要 n 个硬币。

算法设计:利用动态规划算法,把原始问题分解为若干子问题,然后自底向上来求解当前最优解。所以从最小的 m 开始尝试。

(1) 当 $m=0$,即 $d(0)=0$。

(2) 当 $m=1$ 时,只有 1 元的硬币可用,$d(1)=1$。

(3) 当 $m=2$ 时,只有 1 元的硬币可用,$d(2)=2$。

(4) 当 $m=3$ 时,有 1 元和 3 元的硬币可用,有两种方案。第一种方案是先拿一个 1 元的硬币,接着目标就变为:凑够 $3-1=2$ 元需要的最少硬币数量,即 $d(3)=d(3-1)+1=d(2)+1=2+1=3$;第二种方案是先拿一个 3 元的硬币,目标就变成凑够 $3-3=0$ 元需要的最少硬币数量,即 $d(3)=d(3-3)+1=d(0)+1=1$。第二种方案是当前最优解,选择 $d(3)=1$,计算过程是 $d(3)=\min\{d(3-1)+1,d(3-3)+1\}$。

(5) 当 $m=4$,$d(4)=\min\{d(4-1)+1,d(4-3)+1\}$,以此类推,$d(m)=\min\{d(m-1)+1,d(m-3)+1,d(m-5)+1\}$。

3. 代码实现

```
def coinChange(values, valuesCounts, money, coinsUsed):
    '''
    :param values: 硬币的面值
    :param valuesCounts: 硬币对应的种类数
    :param money: 给定钱数 N
    :param coinsUsed: 对应于目前钱数 m 所使用的最少硬币数目
    :return: 对于给定钱数 N,最少可以由几枚硬币组成,并输出硬币序列
    '''
    #遍历出从 1 到 money 所有的可能钱数
    for cents in range(1, money+1):
        minCoins=cents    #从第 1 个开始到 money 的所有可能钱数
```

计算思维与 Python 编程基础(微课版)

```
#把所有的硬币面值遍历出来和钱数作对比
for kind in range(0, valuesCounts):
    if values[kind]<=cents:
        temp=coinsUsed[cents-values[kind]]+1
        if temp<minCoins:
            minCoins=temp
    coinsUsed[cents]=minCoins
    print('面值:{0}的最少硬币使用数为:{1}'.format(cents,
coinsUsed[cents]))
#format()是格式化字符串的函数,增强了字符串格式化的功能
if __name__=="__main__":
    values=[1, 3, 5]
    valuesCounts=len(values)
    money=11
    coinsUsed=[0]*(money+1)
    coinChange(values, valuesCounts, money, coinsUsed)
```

4. 输出结果

面值:1的最少硬币使用数为:1

面值:2的最少硬币使用数为:2

面值:3的最少硬币使用数为:1

面值:4的最少硬币使用数为:2

面值:5的最少硬币使用数为:1

面值:6的最少硬币使用数为:2

面值:7的最少硬币使用数为:3

面值:8的最少硬币使用数为:2

面值:9的最少硬币使用数为:3

面值:10的最少硬币使用数为:2

面值:11的最少硬币使用数为:3

5. 总结

动态规划是一种相对严密、统筹全局的算法。动态规划也是把原始问题分解为若干子问题,然后自底向上,先求解最小的子问题,把结果存在表格中,在求解大的子问题时,直接从表格中查询小的子问题的解,避免重复计算,从而提高算法效率。

10.7　最短路径问题——广度优先搜索算法

1. 问题

如图 10.6 所示,设定起始点为 A 点,终点为 B 点,浅灰色代表墙壁,规定每次只能走一步,且只能往上、下、左、右非墙壁的格子走,求一条 A 到 B 的最短路径长度。

2. 求解思路

抽象问题:将上述图抽象成 $n \times n$ 的二维数组,其中数字 0 表示能通过,数字 1 表示

为障碍。每次只能移动到上、下、左、右相邻的用 0 标记的格子,起点和终点默认用 0 标记,如图 10.7 所示。

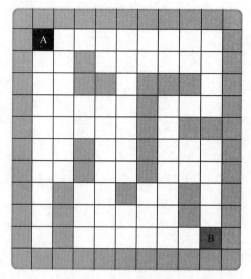

图 10.6　最短路径问题

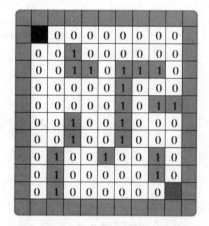

图 10.7　最短路径问题格子标记

算法设计:用广度优先搜索算法(Breadth First Search,BFS)搜索最短路径,它的特点是"搜到就是最优解"。在设计算法步骤之前,解释一下队列的概念。

队列(Queue)是一种操作受限制的线性表,特殊之处在于它只允许在其前端进行删除操作,在其后端进行插入操作,进行删除操作的端称为队首,进行插入操作的端称为队尾。队列的工作原理与现实生活中的队列完全相同。假设你与同学一起在学校食堂排队,排在前面的先打饭离开,后面来的同学只能在队尾排队。队列只支持两种操作:入队和出队。

如图 10.8 所示,先加入的元素将在后加入的元素之前出队。队列是一种先进先出的数据结构。了解了队列的工作原理,可以利用 BFS 算法来求解最短路径问题。

从起点开始,应用算符(移动到上、下、左、右相邻的用 0 标记的格子)生成第一层结点(可以一步到达的格子),检查目标结点是否在这些结点中。若没有,再用产生式规则逐一扩展所有第一层的结点,得到第二层结点,并逐一检查第二层结点中是否包含目标结点。若没有,再逐一扩展所有第二层的结点,得到第三层结点……如此依次扩展,检查下去,直到发现目标结点为止,目标结点所在的层数即为从起点到终点的最短距离。为保证按序层层访问,在具体编程中,需要借助队列来实现,即在访问结点前,需要先从队首弹出该结点,并使该结点所有的下一层结点依次入队。

为方便计算机处理,先约定最短路径问题的输入和输出。

(1) 输入第 1 行为格子行数 $n(1 \leqslant n \leqslant 1000)$。

(2) 输入第 2～$n+1$ 行为长度为 m 个由 0 或 1 组成的字符串,表示地域图。

(3) 输入第 $n+2$ 行为起始点位置和终点位置(行、列号)。

(4) 输出为从起始点到终点的最短距离。

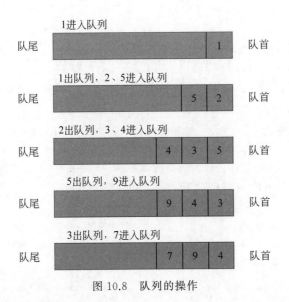

图 10.8　队列的操作

算法流程图如图 10.9 所示。

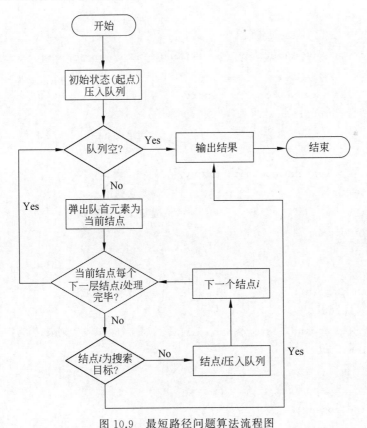

图 10.9　最短路径问题算法流程图

3. 代码实现

```python
#最短路径问题的 BFS 算法的 Python 代码实现
from queue import Queue                              #FIFO 队列
def inZstuMap(zstuMap, x, y):                        #判断点(x, y)是否在地图内
    n=len(zstuMap)                                   #行数
    m=len(zstuMap[0])                                #列数
    return 0<=x and x<n and 0<=y and y<m
def bfs(zstuMap, vis, startX, startY, endX, endY):   #计算最短路径
    #A 同学可以前行到的 4 个位置的行、列号的改变量
    dir=[(-1, 0), (0, -1), (1, 0), (0, 1)]
    searchQueue=Queue()                              #创建一个队列
    searchQueue.put([startX, startY, 0])             #在队尾插入结点信息(行、列及最短距离)
    vis[startX][startY]=True                         #标记起点为已访问
    while not searchQueue.empty():                   #只要队列不为空
        now=searchQueue.get()                        #弹出队列头部元素
        for i in range(4):                           #依次试探 4 个方向
            tx=now[0]+dir[i][0]
            ty=now[1]+dir[i][1]
            if inZstuMap(zstuMap, tx, ty) and zstuMap[tx][ty]=='0' and
not vis[tx][ty]:
                if tx==endX and ty==endY:            #找到终点
                    return now[2]+1
                else:                                #继续找下一层
                    vis[tx][ty]=True
                    searchQueue.put([tx, ty, now[2]+1])
    return -1                                        #无法到达
def main():                                          #定义主函数
    n=int(input())
    zstuMap=[]
    vis=[]
    for i in range(n):                               #按行输入地域图
        row=input()
        zstuMap.append(list(row))                    #将字符串转换为列表,因为字符串不可修改
        m=len(row)
        row=[]
        for j in range(m):
            row.append(False)
        vis.append(row)
    #依次输入起点和终点的行、列号,并分别保存在 4 个变量中
    startX, startY, endX, endY=map(int, input().strip().split())
```

```
#调用 bfs 函数，输出结果，输入的行、列号
print(bfs(zstuMap, vis, startX, startY, endX, endY))
if __name__=='__main__':                    #启动程序
    main()                                  #调用主函数
```

4. 输出结果

输入：

10

000000000

001000000

001101110

000001000

000001011

001001000

001001000

010010010

010000010

010000000

0 0 9 8

输出：17

5. 总结

广度优先搜索算法具有完全性，无论图形的种类如何，只要目标存在，则 BFS 一定会找到。然而，若目标不存在，且图为无限大，则 BFS 将不收敛(不会结束)。BFS 主要用于寻找连接元件和寻找非加权图的两点间最短路径。比如，下面的应用经常会用到广度优先搜索算法。

(1) 编写国际跳棋智能程序，计算最少走多少步就可获胜。

(2) 编写拼写检查器，计算最少编辑多少个地方就可将错拼的单词改成正确的单词，如将 READED 改为 READER 需要编辑一个地方。

(3) 根据你的人际关系网络找到关系最近的医生。

10.8 本章小结

本章详细介绍了穷举法、二分法、贪心法、递推法、递归法、动态规划算法、广度优先搜索算法等常见算法的实现方法。思维导图如图 10.10 所示。

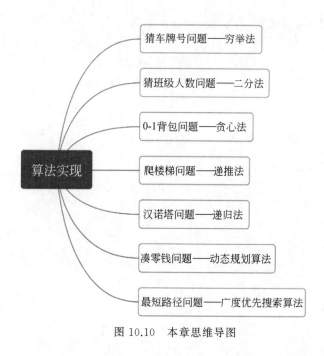

猜车牌号问题——穷举法

猜班级人数问题——二分法

0-1背包问题——贪心法

算法实现　爬楼梯问题——递推法

汉诺塔问题——递归法

凑零钱问题——动态规划算法

最短路径问题——广度优先搜索算法

图 10.10　本章思维导图

10.9　习　　题

编写程序,解决以下问题。

1. 我国古代数学家张丘建在《算经》一书中提出的数学问题:鸡翁一值钱五,鸡母一值钱三,鸡雏三值钱一。百钱买百鸡,问鸡翁、鸡母、鸡雏各几何?

2. 猴子第一天摘下若干桃子,当即吃了一半,还不解馋,又多吃了一个;第二天早上又将剩下的桃子吃掉一半,又多吃了一个。以后每天早上都吃掉前一天剩下的一半再多一个,到第 10 天想再吃时,只剩下一个桃子了。问第一天共摘了多少个桃子。

3. 用递归算法编写计算 n 的阶乘的函数。

4. 输入一个正整数数列,把数列里的所有数字拼接起来排成一个数,打印能拼接出的所有数字中最小的一个。例如,输入数列{3,32,321},则打印出这三个数字能排成的最小数字为 321323。

5. 输入一个字符串,按字典序列打印出该字符串中字符的所有排列。例如,输入字符串 abc,则打印出由字符 a、b、c 所能排列出来的所有字符串 abc、acb、bac、bca、cab 和 cba。结果请按字母顺序输出。

——————　计算思维与 Python 编程基础(微课版)

第 11 章 综合实例

Python 功能强大,发展迅速,主要归功于其庞大的支持库。Python 解释器提供了几百个内置类和函数库,此外,世界各地的程序员通过开源社区贡献了十几万个第三方函数库,几乎覆盖了计算机技术的各个领域。

有了大量库的支持,编写程序的起点不再是探究每个具体算法的逻辑功能和设计,而是尽可能利用第三方库进行代码复用,探究运用库的系统方法。这种像搭积木一样的编程方式称为"模块编程"。每个模块可能是标准库、第三方库、用户自己编写的程序。模块编程主张利用开源代码和第三方库作为程序的部分或全部模块,像搭积木一样,可以方便快速地编写各种 Python 程序。

11.1 Python 第三方库的安装

Python 语言的第三方库与标准库不同,必须安装后才能使用。安装第三方库的常用方法有 3 种: pip 工具安装、自定义安装和文件安装。

11.1.1 pip 工具安装

最常用且最高效的 Python 第三方库安装方式是采用 pip 工具安装。pip 是 Python 官方提供并维护的在线第三方库安装工具。

pip 是 Python 的内置命令,需要通过命令行执行,执行 pip -h 命令将列出 pip 常用的子命令。在 Windows 的命令运行窗口下执行这些命令,不要在 IDLE 环境下运行,运行结果如图 11.1 所示。

pip 支持安装(install)、下载(download)、卸载(uninstall)、列表(list)、查看(show)、查找(search)等一系列安装和维护命令。

安装一个库的命令格式如下。

```
pip install <库名>
```

例如,安装 pygame 库,pip 工具默认从网络上下载 pygame 库安装文件,并自动安装到系统中,如图 11.2 所示。

使用-U 标签可以更新已安装库的版本,例如,用 pip 更新本身的命令,代码如下。

```
c:\>pip -h

Usage:
  pip <command> [options]

Commands:
  install                     Install packages.
  download                    Download packages.
  uninstall                   Uninstall packages.
  freeze                      Output installed packages in requirements format.
  list                        List installed packages.
  show                        Show information about installed packages.
  check                       Verify installed packages have compatible dependencies.
  config                      Manage local and global configuration.
  search                      Search PyPI for packages.
  cache                       Inspect and manage pip's wheel cache.
  wheel                       Build wheels from your requirements.
  hash                        Compute hashes of package archives.
  completion                  A helper command used for command completion.
  debug                       Show information useful for debugging.
  help                        Show help for commands.
```

图 11.1　pip 的部分子命令

```
C:\Users>pip install pygame
Collecting pygame
  Downloading pygame-2.0.1-cp38-cp38-win_amd64.whl (5.2 MB)
     |████████████████████████████████| 5.2 MB 2.2 MB/s
Installing collected packages: pygame
Successfully installed pygame-2.0.1
```

图 11.2　成功安装 pygame

```
pip install -U pip
```

卸载一个库的命令代码如下。

```
pip unstall <库名>
```

例如，卸载 pygame 库，如图 11.3 所示，卸载过程可能需要用户确认，输入“y”来确认。卸载成功后会提示成功卸载 Successfully uninstalled pygame-2.0.1。

```
c:\>pip uninstall pygame
Found existing installation: pygame 2.0.1
Uninstalling pygame-2.0.1:
  Would remove:
    c:\users\sunny\appdata\local\programs\python\python38\include\pygame\_camera.h
    c:\users\sunny\appdata\local\programs\python\python38\include\pygame\_pygame.h
    c:\users\sunny\appdata\local\programs\python\python38\include\pygame\_surface.h
    c:\users\sunny\appdata\local\programs\python\python38\include\pygame\camera.h
    c:\users\sunny\appdata\local\programs\python\python38\include\pygame\fastevents.h
    c:\users\sunny\appdata\local\programs\python\python38\include\pygame\font.h
    c:\users\sunny\appdata\local\programs\python\python38\include\pygame\freetype.h
    c:\users\sunny\appdata\local\programs\python\python38\include\pygame\include\_pygame.h
    c:\users\sunny\appdata\local\programs\python\python38\include\pygame\include\bitmask.h
    c:\users\sunny\appdata\local\programs\python\python38\include\pygame\include\pgcompat.h
```

图 11.3　卸载 pygame

可以通过 list 子命令列出当前系统中已经安装的第三方库，命令运行结果如下。

```
c:\>pip list
Package           Version
-----------------------
```

```
Django          3.1
numpy           1.19.0
Pillow          7.1.2
pip             21.0.1
……
```

pip 的 show 子命令列出某个已经安装库的详细信息,使用方法如下。

```
pip show <库名>
```

以 numpy 库为例,运行结果如下。

```
c:\>pip show numpy
Name: numpy
Version: 1.19.0
Summary: NumPy is the fundamental package for array computing with Python.
Home-page: https://www.numpy.org
Author: Travis E. Oliphant et al.
Author-email: None
License: BSD
…
```

11.1.2　自定义安装

自定义安装指按照第三方提供的步骤和方式安装库,第三方库都有主页,用于维护库的代码和文档。以科学计算用的 numpy 为例,到开发者维护的官方主页找到下载链接 http://www.scipy.org/scipylib/download.html,然后根据指示步骤安装。

自定义安装一般适合用于 pip 中尚无登记或安装失败的第三方库。

11.1.3　文件安装

由于 Python 的某些第三方库仅提供源代码,通过 pip 下载文件后无法在 Windows 系统编译安装,会导致第三方库安装失败。在 Windows 平台遇到的无法安装第三方库的问题大多属于这类。

下载对应的 whl 文件,然后用 pip 命令安装该文件,代码如下。

```
pip install <文件名>
```

对于上述 3 种安装方式,一般优先选择采用 pip 工具安装,如果安装失败,则选择自定义安装或文件安装(Windows 平台)。另外,如果需要在没有网络的条件下安装 Python 的第三方库,则可以直接采用文件安装方式。其中,whl 文件可以通过 pip download 指令在有网络条件的情况下获得。

11.2　音　频　处　理

11.2.1　pydub 库

pydub 是一个处理音频的 Python 库,其特点是简单易用,能够通过简单的函数调用实现丰富的音频编辑功能,如剪辑拼接、声道编辑、音量调节、淡入淡出等。pydub 能够处理多种格式的音频文件,如 mp3、wav、wma 格式文件等,而且在处理不同格式音频文件时方法类似,进一步简化了使用过程。另外,pydub 还能从视频文件(如 mp4、flv 格式等)中提取声音信息,丰富了音频数据的来源。

Python 不包含 pydub 库,而 pydub 库依赖于 ffmpeg 工具,所以在使用之前,首先需要安装 ffmpeg 和 pydub。

1. ffmpeg 的下载与安装

进入 ffmpeg 官方下载页面,下载与运行环境配套的安装文件(如 Windows 或 Mac 操作系统)。首先在 Get packages & executable files 下面选择 Windows 图标,如图 11.4 中的箭头所示;接着单击下面的 windows builds from gyan.dev 或 windows builds by BtbN,进入下一个页面,找到 ffmpeg-release-full.zip 文件名,单击该文件下载。假设下载的是 Windows 下的版本 ffmpeg-4.4-full_build.7z。

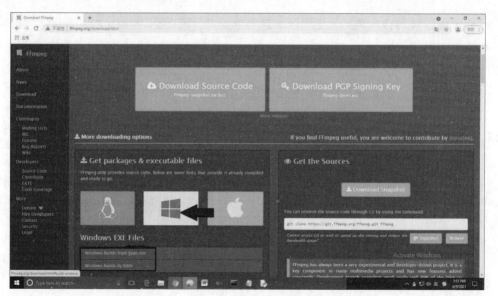

图 11.4　ffmpeg 下载

下载的压缩文件要解压缩到计算机的某个位置,如解压到 D 盘根目录下。在解压后的 ffmpeg 文件夹内可以找到 bin 文件夹,如路径为 D:\ffmpeg-4.4-full_build\bin。然后把该路径添加到系统变量 Path 中。配置好路径后,ffmpeg 就安装完成了,可在 Windows

命令运行窗口中输入 ffmpeg 命令,检查是否安装成功。在 Windows 的搜索窗口里输入 cmd,然后单击回车键,可以打开 Windows 命令运行窗口。

如果输出图 11.5 所示信息,则表示安装成功。如果不成功,可能就是系统路径没有设置好。

```
c:\>ffmpeg
ffmpeg version git-2020-08-16-5df9724 Copyright (c) 2000-2020 the FFmpeg developers
  built with gcc 10.2.1 (GCC) 20200805
  configuration: --enable-gpl --enable-version3 --enable-sdl2 --enable-fontconfig --enable-gnutls
--enable-iconv --enable-libass --enable-libdav1d --enable-libbluray --enable-libfreetype --enable-
libmp3lame --enable-libopencore-amrnb --enable-libopencore-amrwb --enable-libopenjpeg --enable-lib
opus --enable-libshine --enable-libsnappy --enable-libsoxr --enable-libsrt --enable-libtheora --en
able-libtwolame --enable-libvpx --enable-libwavpack --enable-libwebp --enable-libx264 --enable-lib
x265 --enable-libxml2 --enable-libzimg --enable-lzma --enable-zlib --enable-gmp --enable-libvidsta
```

图 11.5　成功安装 ffmpeg

2. pydub 的安装

用 pip install 来安装第三方库。pip 命令可在命令提示符中输入,安装 pydub 库的命令如下。

```
pip install pydub
```

按回车键后即可自动下载相关文件,并进行安装,如图 11.6 所示。

```
c:\>pip install pydub
Collecting pydub
  Downloading pydub-0.25.1-py2.py3-none-any.whl (32 kB)
Installing collected packages: pydub
Successfully installed pydub-0.25.1

c:\>_
```

图 11.6　成功安装 pydub

11.2.2　查看音频文件信息

处理音频文件前,首先需要准备一个音频文件。本节使用的文件名 skyCity.mp3。

在程序中操作文件时,需要指明文件位置,也就是文件路径。文件路径有两种:绝对路径和相对路径。绝对路径就是从盘符、根目录一直到该文件名的完整路径,而相对路径只有文件名,指当前文件所在的目录下,如图 11.7 所示。文件 skyCity.mp3 的绝对路径是 h:\study\Python\skyCity.mp3;相对路径是 skyCity.mp3,和 audio_cut.py 在同一个目录下的意思。

查看音频文件 skyCity.mp3 参数信息的代码如下。

```
#fileName audioInfo.py
from pydub import AudioSegment
#打开一个音频文件 skyCity.mp3
song=AudioSegment.from_file("skyCity.mp3", format='mp3')
print(len(song))                #时长,单位为毫秒
```

图 11.7　相对路径和绝对路径

```
print(song.frame_rate)       #采样频率,单位为赫兹
print(song.sample_width)     #量化位数,单位为字节
print(song.channels)         #声道数,单位为个
```

该程序名为 audiInfo.py,只用到了 pydub 中的 AudioSegment 模块,所以先从 pydub 导入 AudioSegment。然后利用 AudioSegment 中的 from_file 读取 skyCity.mp3 文件(相对路径,要确保 skyCity.mp3 和 audioInfo.py 在同一个目录下),同时指定文件格式为 mp3。读取数据后赋值给变量 song,song 就存储了 skyCity.mp3 的所有数据。然后依次获取并输出打印该歌曲的时长、采样频率、量化位数和声道数。

对本程序读取的 skyCity.mp3 文件,其输出结果依次为 153417、44100、2、2。表示时长为 153417ms,采样率为 44100Hz,量化位数为 2B(16b),用 2 个声道采样。

如果这个程序运行出错,除了标识符写错外,就是文件 skyCity.mp3 和文件 audioInfo.py 不在同一个目录下。

11.2.3　音频文件剪辑和拼接

在一些应用场合,如某个歌曲是几个人合唱的,只想取出其中一个歌手唱的内容,或者想取出歌曲的某部分作为短视频的背景音乐等,需要截取音频的一部分出来。对于 skyCity.mp3 音频文件,如果想取出前 1 分钟的音频,程序代码如下。

```
#fileName: audioCut1.py
from pydub import AudioSegment
#打开一个音频文件
song=AudioSegment.from_file("skyCity.mp3", format='mp3')
s1=song[0: 60000]                #剪辑片段: 0~60 秒
outfile=s1.export('a1.mp3', format='mp3')     #剪辑的数据保存到文件 a1.mp3
outfile.close()
```

首先使用 from pydub import AudioSegmen 命令导入所需模块,然后以 mp3 格式读取 skyCity.mp3 文件的数据,并赋给变量 song。读取 song 变量中音频数据的程序代码是 song[t1:t2],其中 t1 和 t2 分别表示某片段的开始和结束时间,单位均为 ms,所以 song[0:60000]表示的就是读取第 0~60000ms 的数据,然后赋值给变量 s1,所以 s1 中就存放了所需片段的数据。s1 是程序中的变量,需要将它里面的数据另存为计算机上的文

　计算思维与 Python 编程基础(微课版)

件。代码 s1.export('a1.mp3',format＝'mp3')将 s1 中的数据以 mp3 的格式另存为 a1.mp3 文件。最后用 close 函数关闭后,就会生成对应文件 a1.mp3。

运行该程序,无字符输出,但会在当前目录下生成文件 a1.mp3,双击可以播放该文件。

利用 pydub 还可以方便地对截取的片段进行拼接,例如在很多歌曲中截取一部分,最后做成歌曲串串烧。下面的例子从一个音频文件中取出开始和结尾两段音频,合成一个新的音频文件。取出 skyCity.mp3 的第 1 分钟和最后半分钟数据,组成一个新的音频文件,程序代码如下。

```
#fileName: audioLink.py
from pydub import AudioSegment
#打开一个音频文件
song=AudioSegment.from_file("skyCity.mp3", format='mp3')
s1=song[0: 60000]           #剪辑片段: 0~60 秒
s2=song[123417: 153417]     #剪辑片段: 123417 毫秒到 153417 毫秒
s=s1+s2
outfile=s.export('a2.mp3', format='mp3')        #剪辑的数据保存到文件 a2.mp3
outfile.close()
```

程序具体功能如下：读入 skyCity.mp3 数据后,首先截取 0~60s 的数据,存入变量 s1,接着截取最后 30s 的数据,存入变量 s2,然后利用 s1+s2 对 s1 和 s2 进行拼接,并将拼接的结果赋给变量 s,最后将 s 中的数据另存为文件 a2.mp3。

截取开始的 60s 音频数据,还可以写成 s1＝song[:60 * 1000]。截取最后 30s 数据,还可以写成 s2＝song[−30 * 1000:]。程序运行结束后,会在程序所在文件夹下生成一个新的音频文件 a2.mp3,双击该文件可以播放。

11.2.4 pydub 的常见用法

pydub 还可以完成声音的淡入、淡出、音量增大和缩小,wav 与 mp3 文件格式的相互转换,程序如下。

```
from pydub import AudioSegment
song=AudioSegment.from_file("skyCity.mp3", format='mp3')    #打开一个音频文件
                            #打开文件 skyCity.mp3 后,读取音频数据到变量 song
first_5_seconds=song[: 5 * 1000]            #截取前 5 秒
last_5_seconds=song[-5000: ]                #截取后 5 秒
first_5_seconds=first_5_seconds+9           #声音增大 9 分贝
last_5_seconds=last_5_seconds-7             #声音减小 7 分贝
#增大音量后的前 5 秒和减小音量后的后 5 秒拼接起来得到 10 秒的音频,并且前 2 秒淡入,后
#3 秒淡出
song_first_last=first_5_seconds.fade_in(2000)+last_5_seconds.fade_out(3000)
repeat_5=song[: 3000] * 5       #前 3 秒重复了 5 遍,相当于 song[: 3000]重复相加 5 次
song_reverse=song.reverse()     #数据倒放
```

```
song.export("citySky.wav", "wav")        #数据存入 citySky.wav 文件,格式为 wav
```
pydub 的更多用法,请参考官方网站 https://pypi.org/project/pydub/。

11.3　图像处理

　　PIL(Python Image Library)库是一个具有强大图像处理能力的第三方库,不仅包含了丰富的像素、色彩操作功能,还可以用于图像归档和批量处理。它支持图像的存储、显示和处理,能够处理几乎所有的图片格式,可以完成对图像的缩放、裁剪、叠加以及向图像添加线条、图像和文字等操作。

　　PIL 是第三方库,需要通过 pip 工具安装,主要安装库的名字是 pillow,命令如下。

```
pip install pillow
```

11.3.1　图像旋转

　　调用 PIL 库可以对图像做各种操作。如对图像 Lenna.bmp,按逆时针方向旋转 30°,程序代码如下。

```
#fileName: imageRotate.py
from PIL import Image
pic=Image.open('Lenna.bmp')
picNew=pic.rotate(30)
picNew.save('LennaRotate.bmp')
```

　　首先导入 PIL 库的 Image 模块,然后打开图像文件 Lenna.bmp(使用相对路径,确保 Lenna.bmp 和 imageRotate.py 文件在同一个文件夹),将图像数据赋给变量 pic,然后利用 rotate 函数进行旋转操作(逆时针旋转 30°),并将旋转后的数据赋给变量 picNew,最后将 picNew 中的数据存到文件 LennaRotate.bmp。程序运行结束后,会在当前目录下生成一个新的旋转 30°后的文件 LennaRotate.bmp,如图 11.8 和图 11.9 所示。

图 11.8　原始图像(Lenna.bmp)　　　图 11.9　旋转 30°后的图像(LennaRotate.bmp)

计算思维与 Python 编程基础(微课版)

11.3.2　图像缩放

利用 PIL 库的 resize 函数可以方便地进行图像的缩小和放大,如对图像 Lenna.bmp 的高宽都缩小一半的程序代码如下。

```
#fileName: imageResize.py
from PIL import Image
pic=Image.open('Lenna.bmp')
w, h=pic.size
picNew=pic.resize((w//2, h//2))
picNew.save('LennaResize.bmp')
```

其中在 w,h＝pic.size 中,pic.size 是一个元组(x,y),x 和 y 分别表示图像 pic 的宽度和高度,通过赋值后,w 存储了图像的宽度,h 存储了图像的高度。picNew＝pic.resize$((w//2,h//2))$ 中的 resize() 函数的功能是重新调整图像的大小,该函数的参数是一个元组(x,y),x 和 y 分别表示调整后的宽度和高度。这里的 pic.resize$((w//2,h//2))$ 表示把变量 pic 中图像的高度宽度调整为 $w//2$ 和 $h//2$,也就是原来高度宽度的一半。程序运行结束后,会生成一个新的图像文件 LennaResize.bmp,双击文件名可以显示该图像,如图 11.10 所示。

图 11.10　缩小后的图像(LennaResize.bmp)

11.3.3　图像裁剪

利用 PIL 库的 crop 函数可以方便地进行图像裁剪,如裁剪图像 Lenna.bmp 图像某一部分下来的程序代码如下。

```
#fileName: imageCrop.py
from PIL import Image
pic=Image.open('Lenna.bmp')
picNew=pic.crop((50, 40, 200, 200))
picNew.save('LennaCrop.bmp')
```

其中 crop 函数实现裁剪功能,该函数的参数也是一个元组$(x1,y1,x2,y2)$,该元组描述了一个矩形区域(就是要裁剪保留下来的区域),其左上角坐标为$(x1,y1)$,右下角坐标为$(x2,y2)$。程序运行结束后,会生成一副新的图像 LennaCrop.bmp,如图 11.11 所示。

图 11.11　剪切后的图像(LennaCrop.bmp)

对图像建立坐标系时,一般是以图像左上角为原点,水平方向为 x 轴,垂直方向为 y 轴。某像素的坐标为(x,y),表示该像素是从左往右数第 x 个像素,从上往下数第 y 个像素,x、y 都是从 0 开始数起。可以用"画图"工具查看像素坐标,如图 11.12 所示。图中箭头指向的黑色点坐标是$(207,14)$,就是 x 值为 207(到最左边的距离),y 的值为 14(到最上面的距离),单位是像素,整幅图像的大小为 256×256 像素。

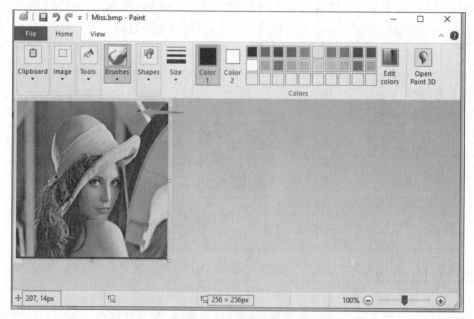

图 11.12　查看图像像素坐标

显示图像及图像相关信息的程序代码如下。

```
#fileName: imageShow.py
from PIL import Image
pic=Image.open('GreenScreenBG01.jpg')
print(pic.format, pic.size, pic.mode)
pic.show()
```

运行程序时会显示图像。运行结束后,会输出图像的格式、尺寸和色彩模式。上述程序的运行结果为 JPEG、$(1920,1064)$、RGB。表明图像格式为 JPEG,图像分辨率大小是宽 1920、高 1064,图像色彩模式是彩色 RGB。如果色彩模式是"L",则表示图像是灰度图像。

11.4　文本词频统计

11.4.1　英文词汇量统计

英语考试过级都会有词汇量的要求,如四级英语要求 4000 多的词汇量,六级英语要求 6000 多的词汇量。当阅读一本英文书,或看一部英文电视剧时,想统计一下词汇量是多少,该怎么做呢? 用 Word 软件的"字数统计"功能就可以统计单词,但只能统计所有词汇,没有处理重复单词。利用 Python 程序可以很方便地完成统计工作。

例:《小猪佩奇》动画片语音纯正、清晰、没有背景声,适合作为初学者的英语听力材料,特别是儿童学习英语。统计《小猪佩奇》第一季的英文词汇量。

分析:首先要获取该动画片的台词文本,保存为 peppaPig_1.txt。统计英文词汇量,第一步是分解并提取英文文章中的每一个单词。同一个单词会有大小写不同形式,但计数功能却不能区分大小写。假设文本由变量 txt 表示,可以通过 txt.lower()函数将大写字母变成小写字母,排除原文大小写差异对词汇量统计的干扰。英文单词的分隔方式可以是空格、标点符号或特殊符号。为统一分隔方式,可以使用 txt.replace()方法将各种特殊字符和标点符号替换成空格,再提取单词。然后按空格把 txt 分成一个一个的单词,存入变量 words 中,此时的 words 里含有很多相同的单词,用 words 来生成集合 words,会自动删除重复单词,最后调用函数 len()来计算 words 的长度,也就是单词的个数。程序代码如下。

```
#fileName: CountPeppaWords.py
txt=open("peppaPig_1.txt", "r").read()
txt=txt.lower()
for ch in '!"#$ %&() * +, -./: ;<=>? @[\\]^_`{|}~ ':
    txt=txt.replace(ch, " ")        #将文本中的特殊字符替换为空格
words=txt.split()                   #按空格分隔成一个一个单词,存入 words
words=set(words)                    #通过 set 集合方式删除重复单词
count=len(words)                    #统计 words 中的单词个数
print(count)                        #输出单词个数
```

11.4.2　英文词频统计

在很多情况下,会遇到这样的问题:对于一篇给定文章,希望统计其中多次出现的词语,进而简要分析文章的内容。在对网络信息进行自动检索和归档时,也会遇到同样的问题,这就是"词频统计"问题。

从思路上看,词频统计问题只是累加问题,即对文档中的每个词设计一个计数器,词语每出现一次,相关计数器加1。如果以单词为键,计数器为值,构成<单词>:<出现次数>的键值对,将很好地解决该问题。这里用字典来解决词频统计问题,程序的逻辑步骤如下。

输入:从文件中读取一篇文章。

处理:采用字典数据结构统计词语出现的频率。

输出:文章最常出现的10个单词及出现次数。

例:统计《小猪佩奇》中出现次数排前10位的单词。

分析:统计词汇量时,是把每个单词分离出来后不删除重复单词,接着是对每个单词进行计数。假设将单词保存在变量word中,使用一个字典类型counts={},统计单词出现的次数可采用如下代码实现:

```
counts[word]=counts[word]+1
```

遇到一个新词时,单词没有出现在字典结构中,则需要在字典中新建键值对,代码如下。

```
counts[word]=1
```

统计完每个单词出现的次数后,接着对单词的统计值从高到低进行排序,输出前10个高频词语,并格式化打印输出。由于字典没有顺序,需要将其转换为有顺序的列表类型,再使用sort()方法和lambda函数配合,根据单词出现的次数对元素进行排序。最后输出排序结果为前10位的单词。

lambda函数是一种特殊的函数,也称匿名函数。经常将lambda函数作为参数传递给其他函数,比如结合map、filter、sorted等一些Python内置函数使用。如创建由元组构成的列表,lambda函数作为参数,与sorted函数结合使用,对列表元素排序,按照元组第一个元素排序的代码如下。

```
>>> a=[('b', 3), ('a', 2), ('d', 4), ('c', 1)]
>>> sorted(a, key=lambda x: x[0])     #按照元组的第一个元素排序
[('a', 2), ('b', 3), ('c', 1), ('d', 4)]
```

按列表中元组的第二个元素排序的代码如下。

```
>>> sorted(a, key=lambda x: x[1])      #按照元组的第二个元素排序
[('c', 1), ('a', 2), ('b', 3), ('d', 4)]
```

实现的程序代码如下。

```
#fileName: countPeppaHighFrequWords.py
txt=open("peppaPig_1.txt", "r").read()
txt=txt.lower()
for ch in '!"#$ %&() * +, -./: ;<=>? @ [\\]^_`{|}~ ':
    txt=txt.replace(ch, " ")           #将文本中特殊字符替换为空格
words=txt.split()                      #按空格分隔成一个一个单词,存入 words
```

```
counts={}
for word in words:
    if word in counts:
        counts[word]=counts[word]+1
    else :
        counts[word]=1
items=list(counts.items())
items.sort(key=lambda x: x[1], reverse=True)
for i in range(10):
    word, count=items[i]
    print("{0: <10}{1: >5}".format(word, count))
items=list(counts.items())                    #将字典转换为记录列表
items.sort(key=lambda  x: x[1], reverse=True)
                                               #以记录第 2 列为关键字排序,从高到低排序
```

程序运行后,输出结果如下。

```
the        804
pig        659
is         650
peppa      627
george     597
you        593
and        566
a          511
to         484
i          448
```

出现次数最多的主要是些冠词、代词、连接词、人名等词汇,并不能代表文章的含义。进一步,可以采用集合类型构建一个排除词汇库 excludes,在输出结果中排除这个词汇库中的内容,改进后的程序代码如下。

```
#fileName: countPeppaHighFrequWords1.py
excludes={"a", "the", "to", "is", "you", "and", "me", "an", "i", "this", "it",
"in", "are", "i'm", "my", "can", "oh", "that", "on", "it's", "we", "us", "have",
"has", "yes", "for", "not", "what", "why", "how", "no", "do", "of", "your"}
txt=open("peppaPig_1.txt", "r").read()
txt=txt.lower()
for ch in '!"#$ %&()* +, - ./: ;<=>? @[\\]^_`{|}~ ':
    txt=txt.replace(ch, " ")          #将文本中特殊字符替换为空格
words=txt.split()                      #按空格分隔成一个一个单词,存入 words
counts={}
for word in words:
    if word in counts:
        counts[word]=counts[word]+1
    else :
```

```
        counts[word]=1
for word in excludes:
    del(counts[word])
items=list(counts.items())
items.sort(key=lambda x: x[1], reverse=True)
for i in range(10):
    word, count=items[i]
    print("{0: <10}{1: >5}".format(word, count))
```

程序运行后,输出结果如下。

```
pig         659
peppa       627
george      597
daddy       419
mummy       278
little      166
very        121
like        110
dinosaur    104
play         99
```

读者还可以继续排除一些词语,如人名。

11.4.3　中文词频统计

中文词频的统计方法和英文相似,但是由于英文文本分词简单,如 China is a great country,如果希望提取其中的单词,只需要使用字符串处理的 split()方法即可。程序如下。

```
>>> "China is a great country".split()
['China', 'is', 'a', 'great', 'country']
```

然而,对于一段中文文本,如"中国是一个伟大的国家",获得其中的词语十分困难,因为英文文本可以通过空格或标点符号分隔,而中文词语之间缺少分隔符,这就是中文及类似语言的"分词"问题。上例中,正确的分词结果应该是"中国""是""一个""伟大""的""国家"。

我们借助第三方库来完成中文分词,jieba("结巴")就是 Python 中的一个重要的中文分词第三方函数库。需要先用 pip 指令安装该库,以命令行方式输入如下命令,安装过程如图 11.13 所示。

```
pip install jieba
```

jieba 库的分词原理是利用一个中文词库将待分词的内容与分词词库进行比对,通过图结构和动态划分方法找到最大概率的词组。

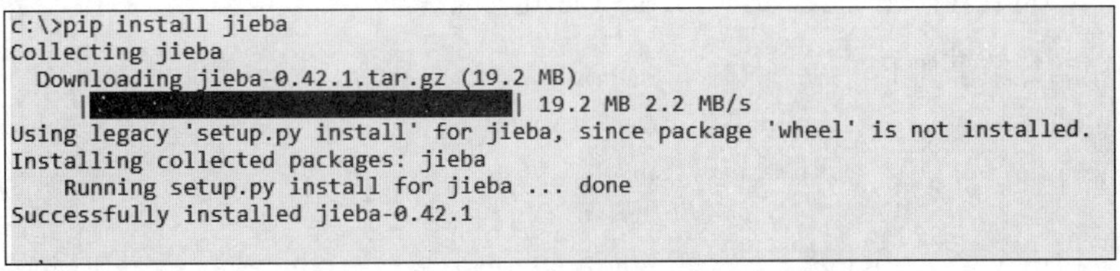

```
c:\>pip install jieba
Collecting jieba
  Downloading jieba-0.42.1.tar.gz (19.2 MB)
  |                              | 19.2 MB 2.2 MB/s
Using legacy 'setup.py install' for jieba, since package 'wheel' is not installed.
Installing collected packages: jieba
  Running setup.py install for jieba ... done
Successfully installed jieba-0.42.1
```

图 11.13 安装 jieba 库

jieba 库支持 3 种分词模式：精确模式，将句子最精确地切开，适合文本分析；全模式，把句子中所有可以成词的词语都扫描出来，速度非常快，但是不能消除歧义；搜索引擎模式，在精确模式的基础上，对长词再次切分，提高召回率，适用于搜索引擎分词。常用命令如下。

(1) jieba.lcut(s)：精确模式分词，返回一个列表类型。

(2) jieba.add_word(w)：向分词词典中增加新词。

```
>>> import jieba
>>> jieba.lcut("中国是一个伟大的国家")
['中国', '是', '一个', '伟大', '的', '国家']
>>> jieba.lcut("习大大走访群众")
['习', '大大', '走访', '群众']
>>> jieba.add_word("习大大")
>>> jieba.lcut("习大大走访群众")
['习大大', '走访', '群众']
```

例如，统计《三国演义》中的人物出场次数。《三国演义》是中国古典四大名著之一，里面出现了几百个各具特色的人物，可到底哪些人物出场次数最多呢？通过中文词频统计分析可以得到答案。实现的程序代码如下。

```
fileName: countSanguoWords.py
import jieba
txt=open("sanguo.txt", "r", encoding='utf-8').read()
words=jieba.lcut(txt)              #按空格分隔成一个一个单词,存入 words
counts={}
for word in words:
    if len(word)==1:              #排除单个字符的分词结果
        continue
    if word in counts:
        counts[word]=counts[word]+1
    else :
        counts[word]=1
items=list(counts.items())
items.sort(key=lambda x: x[1], reverse=True)
for i in range(10):
    word, count=items[i]
```

```
print("{0: <10}{1: >5}".format(word, count))
```

程序运行结果如下。

```
曹操        953
孔明        836
将军        772
却说        656
玄德        585
关公        510
丞相        491
二人        469
不可        440
荆州        425
```

看结果是"曹操"出场最多了,但仔细一看,发现后面还有"丞相",那不也是"曹操"吗？"玄德"和"刘备"不也是一个人吗？请读者改进代码,精确统计人物出场次数。

11.5 网 络 爬 虫

随着网络的迅速发展,如何有效地提取并利用信息,很大程度上决定了解决问题的效率。搜索引擎作为辅助程序员检索信息的工具,已经有些力不从心。为了更高效地获取指定信息,需要定向抓取并分析网络资源,因此网络爬虫火爆起来了。一般借助第三方库来完成网络爬虫的应用。

网络爬虫的应用一般分为两个步骤：第一步是通过网络链接获取网页内容;第二步是对获取的网页内容进行处理。这两个步骤分别使用不同的函数库：requests 和 beautifulsoup4。

采用 pip 指令安装 requests 和 beautifulsoup4 两个库,代码如下。

```
pip install requests
pip install beautifulsoup4
```

使用 Python 语言实现网络爬虫和信息提交是非常简单的事情,代码行数很少,也无须掌握网络通信等方面的知识,非常适合非专业读者使用。

11.5.1 获取网页内容

requests 库是一个简单的处理 http 请求的第三方库,它最大的优点在于程序编写过程更接近正常的 URL 访问过程。通过 request 库可以方便地获取网页内容。

requests 库提供 get 函数来获取网页,调用 requests.get()函数后,返回的网页内容会保存为一个 response 对象。其中,get()函数的参数 URL 链接必须采用 http 或 https 方式访问,实现代码如下。

```
>>> import requests
>>> r=requests.get("http://www.baidu.com")      #使用 get 方法打开百度链接
>>> type(r)
<class 'requests.models.Response'>
```

和浏览器的交互过程一样,requests.get()代表请求过程,它返回的 response 对象代表响应。返回内容作为一个对象更便于操作,response 对象的属性如表 11.1 所示,需要 <a>.<b>的形式来调用。

表 11.1　response 对象的属性

属　性	描　述
status_code	http 请求的返回状态,整数,200 表示连接成功,404 表示失败
text	http 响应内容的字符串形式,即 URL 对应的页面内容
encoding	http 响应内容的编码方式
content	http 响应的二进制形式

status_code 属性返回请求 http 后的状态,处理数据之前要先判断状态情况。如果请求未被响应,需要终止内容处理。text 属性是请求的页面内容,以字符串形式展示。encoding 属性非常重要,它给出了返回页面内容的编码方式,可以通过对 encoding 属性赋值更改编码方式,以便于处理中文字符。content 属性是页面内容的二进制形式。示例代码如下。

```
>>> r=requests.get("http://www.baidu.com")
>>> r.status_code
200
>>> r.text
(输出略)
>>> r.encoding
'ISO-8859-1'
>>> r.encoding='utf-8'
>>> r.text
(输出略)
```

r.text 就是获取的文本内容,但该内容含有很多不需要的字符,需要整理。

11.5.2　处理网页内容

使用 requests 库获取 HTML 页面并将其转换成字符串后,需要进一步解析 HTML 页面格式,提取有用信息,这需要处理 HTML 和 XML 的函数库。

beautifulsoup4 库,也称 Beautiful Soup 库或 bs4 库,用于解析和处理 HTML 和 XML ew 页面。需要注意的是,它不是 BeautifulSoup 库。它的最大优点是能根据 HTML 和

XML 语法建立解析树,进而高效解析其中内容。

HTML 建立的 Web 页面一般非常复杂,除了有用的内容信息外,还包括大量用于页面格式的元素。直接解析一个 Web 网页需要深入了解 HTML 语法,而且比较复杂。beautifulsoup4 库将专业的 Web 页面格式解析部分封装成函数,提供了若干有用且便捷的处理函数。

beautifulsoup4 采用面向对象思想实现,简单地说,它把每个页面当作一个对象,通过<a>.<b>的方式调用对象的属性(即包含的内容),或者通过<a>.<b>()的方式调用方法(即处理函数)。

beautifulsoup4 库中最主要的是 BeautifulSoup 类,每个实例化的对象相当于一个页面。先采用 from-import 导入库中的 BeautifulSoup 类,代码如下。

```
from bs4 import BeautifulSoup
```

然后,使用 BeautifulSoup()创建一个 BeautifulSoup 对象,代码如下。

```
>>> import requests
>>> from bs4 import BeautifulSoup
>>> r=requests.get("http://www.baidu.com")
>>> r.encoding="utf-8"
>>> soup=BeautifulSoup(r.text)
>>> type(soup)
<class 'bs4.BeautifulSoup'>
```

创建的 BeautifulSoup 对象是一个树形结构,它包含 HTML 页面中的每一个 Tag(标签)元素,如<head><body>等。具体来说,HTML 中的主要结构都变成了 BeautifulSoup 对象的一个属性,可以直接用<a>.<b>的形式获取,其中 b 的名字采用 HTML 中标签的名字。表 11.2 列出了 BeautifulSoup 对象常用的一些属性。

表 11.2　BeautifulSoup 对象的常用属性

属　　性	描　　述
head	HTML 页面的<head>内容
title	HTML 页面标题,在<head>之中,由<title>标记
body	HTML 页面的<body>内容
p	HTML 页面中第一个<p>内容
strings	HTML 页面所有呈现在 Web 上的字符串,即标签的内容
stripped_strings	HTML 页面所有呈现在 Web 上的非空格字符串

前面已经新建对象 soup 了,接着可以查看网页的相关内容了,实现代码如下。

```
>> soup.head
```

```
<head><meta content="text/html;charset=utf-8"
http-equiv="content-type"/><meta content="IE=Edge"
http-equiv="X-UA-Compatible"/><meta
content="always" name="referrer"/><link href="http://s1.bdstatic.com/r/www/
cache/bdorz/baidu.min.css" rel="stylesheet" type="text/css"/><title>百度一
下,你就知道</title></head>
>>> soup.title
<title>百度一下,你就知道</title>
>>> soup.p
id="lh"> <a href="http://home.baidu.com">关于百度</a> <a href="http://ir.
baidu.com">About Baidu</a> </p>
>>> soup.body
```
(运行输出内容略)

11.6　本　章　小　结

　　本章主要介绍使用第三方库的方法,通过调用第三方库来实现音频文件剪辑、拼接,图像文件的旋转、缩放、裁剪,文本文字的统计和网页数据抓取等功能。本章的思维导图如图 11.14 所示。

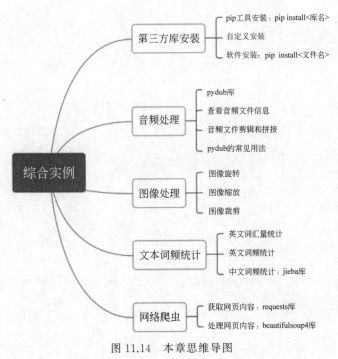

图 11.14　本章思维导图

11.7 习　　题

1. 填空题

(1) 剪辑音频文件,常用的第三方库是_____。

(2) 放大、缩小、旋转图像文件,常用的第三方库是_____。

(3) 中文分词,常用的第三方库是_____。

(4) 抓取网页信息,常用的第三方库是_____。

2. 程序编写

(1) 把当前目录下所有的 wav 文件转换成 mp3 文件。

(2) 把图像文件 spring.jpg 的长宽缩小为原来的 1/4。

(3) 输入一段英文,统计其中的词汇量。

(4) 输入一段中文,统计词频前 5 的词语。

参 考 文 献

[1] 李廉. 大学计算机教程：从计算到计算思维[M]. 北京：高等教育出版社,2018.

[2] 肖鹏. 大学计算机及计算思维[M]. 北京：北京邮电大学出版社,2018.

[3] 张问银. 大学计算思维基础[M]. 北京：高等教育出版社,2018.

[4] 沙行勉. 计算机科学导论：以 Python 为舟[M]. 2 版. 北京：清华大学出版社,2016.

[5] 于萍. 大学计算机[M]. 北京：清华大学出版社,2020.

[6] 张露. 大学计算机[M]. 北京：高等教育出版社,2016.

[7] 刘进锋. 计算机导论：微课视频版[M]. 北京：清华大学出版社,2020.

[8] 郭艳华. 计算机与计算思维导论[M]. 北京：电子工业出版社,2014.

[9] 陈立潮. 大学计算机基础教程：面向计算思维和问题求解[M]. 北京：高等教育出版社,2018.

[10] 宁爱军. 计算思维与计算机导论[M]. 北京：人民邮电出版社,2018.

[11] 万珊珊. 计算思维导论[M]. 北京：机械工业出版社,2019.

[12] 孙春玲. 大学计算机：计算思维与信息素养[M]. 北京：高等教育出版社,2019.

[13] 陈国良. 大学计算机：计算思维视角[M]. 2 版. 北京：高等教育出版社,2014.

[14] 嵩天. Python 语言程序设计基础[M]. 2 版. 北京：高等教育出版社,2017.

[15] 董付国. Python 程序设计[M]. 3 版. 北京：清华大学出版社,2020.

[16] Briggs J. 趣学 Python 编程[M]. 北京：人民邮电出版社,2014.

[17] 黄蔚. Python 程序设计[M]. 北京：清华大学出版社,2020.

[18] 杨柏林. Python 程序设计[M]. 北京：高等教育出版社,2019.

[19] 毛雪涛. 小小的 Python 编程故事[M]. 北京：电子工业出版社,2019.

[20] 魏梦舒. 漫画算法：小灰的算法之旅[M]. 北京：电子工业出版社,2020.

[21] 付东来. labuladong 的算法小抄[M]. 北京：电子工业出版社,2020.

图书资源支持

感谢您一直以来对清华版图书的支持和爱护。为了配合本书的使用，本书提供配套的资源，有需求的读者请扫描下方的"书圈"微信公众号二维码，在图书专区下载，也可以拨打电话或发送电子邮件咨询。

如果您在使用本书的过程中遇到了什么问题，或者有相关图书出版计划，也请您发邮件告诉我们，以便我们更好地为您服务。

我们的联系方式：

地　　址：北京市海淀区双清路学研大厦 A 座 714

邮　　编：100084

电　　话：010-83470236　010-83470237

客服邮箱：2301891038@qq.com

QQ：2301891038（请写明您的单位和姓名）

资源下载：关注公众号"书圈"下载配套资源。

资源下载、样书申请

书　圈

获取最新书目

观看课程直播